服饰与身心

# 轻疗愈

朱哲灵 著

华夏出版社
HUAXIA PUBLISHING HOUSE

# 唯美的服装简史

## ——多元文化集成的精彩呈现

与朱哲灵老师认识多年了，从一开始就知道她是位特立独行的才女。她用多彩的艺术，表达了深厚文化底蕴带给人的美感。人类的美感源自于意识能量的维度，所有的艺术创作无不是高维信息的下载。高维实践的通俗说法就是修炼。本书就是朱老师高维生命实践的一份综述实验报告。

在超越时空的高维意识引领下，我们才能如此完整地集成人类艺术的内在关联，并将其如此美妙地呈现出来。本书以其丰富的内涵及唯美的表达方式，展示了古今中外服装艺术的发展简史。借人类服装艺术从过去到现在以致未来的发展脉络，诠释了多元文化集成与交响的深刻内涵。

阴阳是太极，是宇宙存在的至简表达，是一切存在的初态，是佛家的一念，是最本质的正弦波。《服饰与身心轻疗愈》的另一个解读就是"服饰的来龙去脉"，这里所说的龙与脉都是正弦能量波。龙是正弦波的图腾，一切存在皆"法于阴阳合于数术"。因此，这是一本贯通道法术的大气之作，是一部值得收藏的展现服装艺术的书，其本身就是一件艺术品。十几万字的行云流水，上百幅手绘的美轮美奂，是朱老师几十年内修内证练就的匠心匠魂的自然呈现。恭喜你得到了这份珍贵的礼物。

美国硅谷科技公司高管、多元文化集成倡导者

刘丰

2017/3/1 于北京

# 艺术就是修行

朱哲灵

　　首先要说明的是，我只是以一个历史文化的爱好者，摸索、探求、亲力亲为二十载的普通劳动者的身份，与现实生活做一次简单对话。我写这部小书，没有学者的深奥，没有专家的严肃，也没有艺术的夸张和神秘，只是以生活中的诸多感触为出发点即兴而为。

　　国学，泛指中国特有的文化，包括儒释道思想、服饰、饮食、中医、书法、汉字、国画、音乐、戏曲、舞蹈、建筑、手工艺、中国功夫等。这些文化艺术形式都是华夏文化这棵大树上开出的各色花朵。国学源于中国大而和的特殊人文环境而传承至今，其存在有它的道理，有其必然性和偶然性，如风信子般在世界上延续着一个个千差万别的神话……

　　有人说，国学与修行没有什么联系，八竿子打不着。现今的世界并非如历史上那样靠刀枪征战掠夺土地、扩张势力，而往往是由本土文化与现代科技和人文嬗变后的经济输出决定着国际上的大国（从历史到现在）都是由经济的强盛而实行战略的扩张，最后以本土的人文思想教化、俘虏人的精神。日本输出特别令中国人青睐的电器（在日本，知名企业的品牌是本国文化的象征），法国输出时尚奢侈品，维也纳输出音乐极品……这些看似现代奢华的背后，"抢夺、挑战"了中国人对高贵、优质、发达、奢侈这些代名词的心理极限。其背后到底是什么呢？我认为是人文社会、心理、历史、艺术、思维模式综合积淀的结果。人生下来就被周围的环境、家庭背景、社会大气候等浸染，思维模式潜移默化，吸收到的东西转而形成自己的个性和观念，很快由开始的原生态本能发展到纯物质的索求，又由索求衍生出物质的心理落差，再到内心的高处不胜寒，再到浮躁的物欲河流，也许现在该是落到河水中清醒的时候了。我用代表了人类童年的艺术表现形式，演绎人类五百万年前来自祖先的灵与性。

我发现，在生活中，很多文化艺术概念人们不太清楚，认为文化与己无关，也不热衷，所以往往被流行或时尚牵着思维走。不过，时尚虽然主宰了方向，但它还是会被人们的习惯所左右……

19 岁时我读美国现代舞创始人邓肯的《邓肯自传》，只是被她炫彩的爱和精神所感动；2010 年我又重读，才真正懂得了她为生命艺术献身的震撼。我想我是在为我骨子里的理想而战——用我绵薄的力量，通过自己发现的绘画语言，做一个华夏文明伟大复兴的探路者；通过右脑思维传递给我的原始灵感，演绎人类曾经的美丽和圣洁，而且一直做下去。这不只是娱乐和消遣，更是生命智慧的升华！

我写服饰、音乐、神话、建筑、工艺品，连接灵修成长，只是从一个侧面与读者进行交流。其实它们都是人的精神需求：那是心灵的港湾，心情的放飞，情绪的安慰，情感的寄托，个性的玩味，思想的驻足，沉思的安睡……国学离我们的生活很近。将生活中的每一件事，以平凡的心态、艺术的形式融入我们的心灵，点点滴滴，一步一步，修自己于幸福的彼岸。如果多一人在修，再衍生一人，宇宙会怎样？——为自己的快乐和幸福爱自己！

也许思维是限制我们的一堵墙。人们说，知识越多思维的空间越大。但知识是有限的，那么思维的空间也是有限的。人的一生很难用有限的脑力超越无限的空间，但是从心发出的天赋秉异及理想是能让少数人超越未来的。也许这就是历史上出现过的神人！我做不了神人，就做一滴水吧。但愿曾经的一盘散沙，别因民族的危亡才凝聚；但愿自扫门前雪的自我，别因痛苦才感悟；但愿历史的辉煌成就的民族完整，别因骄傲而苍凉……

# 目录

# 人体内外环境浅释

朱哲灵

　　我们所处的客观世界，人们所感知的一切模糊与精确都是相对的。画面的动感也是一种模糊的视错觉现象。《易经》讲阴阳辩证的关系："一阴一阳之谓道。"而那个太极阴阳相交的边缘，我们很难用语言讲明白，借助量子物理学，也只能模糊地解释出与佛学相近的地方。我们使用着老祖宗留下的词汇，有时稀里糊涂，有时又特别精明地活着。俗话说"这人特别有名堂"，名堂是什么呢？名堂既是人体的一个穴位——明堂穴，还是在合适的地点、时间做合适的事情，活好相对世界的每一分钟，做好相对世界的人！就像郑板桥所说"难得糊涂"和齐白石所说"妙在似与不似之间"。所谓"糊涂"，绝不是一团混沌，含糊不清。人的模糊思维是近代科学领域的一个新问题、新概念，带有明显的不确定性。对于创作来说，客体的不确定性在感受方面给艺术家带来了认识上的多样性、灵活性、随机性，而这几种性质恰恰给艺术家的思维营造了更大的活动空间，使得用艺术形式表达自身更复杂、深刻而丰富的感情及观念具有了无限的可能性。但对于做人来说，重要是学会在一元的世界和二元的社会之间来去自如。糊涂思维的作用就在于它不求完美的形式，却能塑造美妙生动的形象，通过这些形象来展示人们捉摸不定的情趣，创造一种人与事业的完美浪漫。

　　我们将以独特的表现形式把模糊思维用在服饰这门综合艺术之中，进行全方位的展示。这样既是活动的主体造型艺术，也是科学、哲学、艺术和人类智慧学、宗教的突破进展合而为一的理念。多种艺术形式的结合，会创造出独特的艺术风格。西方20世纪70年代服装设计大师的作品无不借鉴多种画派艺术，以模糊的全方位概念去理解服装。理论家贺野说："多样化的艺术形式也是有利于传统艺术兼收并蓄，推陈出新。"

现在，我们聊一聊其他行业的现实表现：18世纪英国的浪漫主义诗人和画家威廉·布莱克，诗写得隐晦，是后来朦胧诗派的先驱，画则采取幻想和象征手法，一两百年来人们都不太理解，因而忽略了它们的价值，近二三十年史家才开始重视并深入研究（这就是西方超级绘画大师生前穷困潦倒，后世绘画价值连城的原因：他们在人们还无法解释诗画中情景的时候，超前了解了真相）。"超现实主义"的第一次艺术实践，是布莱克和朋友同时不加思索地在纸上不停地写下去，甚至连标点也不加，记下一切掠过头脑的意识片断（这就是潜意识在身体行为上的体现）。若安·米罗算是抽象的"超现实主义画家"，他的作品有儿童画或原始画的稚拙味，但形象多半难于辨识（这就是我们体悟的禅道——寻找到了内在的真主人）。萨尔瓦多·达利可以算是具象的"超现实主义"画家，他画的形象从局部看异常写实，而整个组合却是荒谬而不可解的（他是现如今心灵成长派的先驱，黄帝则是心灵内在禅的始祖）。从整个纯艺术形式上说，他不求更多的人读懂，却给艺术界创造了更广阔的发挥空间，使实用更完美，使艺术更超脱，使心灵更洁净。就是西方艺术大师们的这种表现主义思维模式，成就了别人，毁坏了自己（达·芬奇、梵·高、马蒂斯患有精神分裂症）。所以我们要强调人体内外环境即人体内外风水——重新审视、反观人类智慧学——全息生命科学的三位一体和五维空间概念。哪三位一体呢？身体、灵魂、心性。哪五维空间概念呢？自然、社会、身体、灵魂、心性。

我们从艺术切入，意在开启智慧。由模糊的八卦象思维到逻辑思维同时发生，即所谓的开悟。看似风马牛不相及，其实是取象比类，借道实际说明问题。就像各种不同的艺术形式，都最大程度地取他山之石，攻蓝田之玉。画家不是只做个能画的画匠，也不是做个只说不实践的空谈家。诗虽有朦胧派，但诗的灵魂仍具有意境、美感、哲理等。画和国学艺术一样，不能拘泥于某种形式，更要被赋予理性、感性及多维的深度。

畅谈服饰，不能不谈历史，谈到历史就联系到了国学。国学不仅指"经史子集"，还要回归华夏文化。国学在不断的发展创新中推进，又时时回归到人性本真，所以国学智慧是"从无到有，从有到无"的过程。独一无二的华夏"道"文化在生活中无处不开花，它是华夏智慧的结晶，以完善国学体系为目的，为大众更好地生活而服务！

由独特的国学而生出的行业产品源自古代智者对"道"的深刻理解，彰显着国学智慧的光芒而落地为生活中的衣食住行，以及三百六十行，它们是国学的实际应用。

殷墟出土的文物，说明了距今三千多年前，先民所穿的衣服纹饰，已经相当复杂、美观。《易经·系辞》是由孔子整理的，篇中有黄帝、尧、舜垂衣裳而治天下的记载，但并不能说明那时服饰的装饰与等级都已明确。以时代发展面貌分析，冕服制度应在夏商时代初步建立，西周时期逐步完善。

春秋战国之时，宽衣博带是贵族服饰的特征。湖南长沙出土的楚墓帛画，画中人物的服饰即是代表。

汉朝的丝绸、刺绣和印染工艺已经十分发达，服饰很华丽，花纹样式也变得流动、活泼。公元59年，东汉明帝诏定，袍服可以充作正式的礼服，于是袍服便成为我国近两千年来的主流服装。

魏晋一般士人的正式服饰，仍旧沿袭汉代的袍衫。他们追求心灵的解放，崇尚玄学，行为多不受礼俗的约束，服饰也变得潇洒自然。男子多穿着衣襟开敞、衣袖宽大的袍衫，头上加幅巾或戴小帽；妇女则襦衣长裙，垂华带，当风飘逸，似天女下凡。

隋朝妇女穿小袖合身的上衣及长裙，裙腰高提至胸，腰上垂饰飘带，贵族妇女有时又外披翻领小袖的披风式衣衫；男子则盛行留须，不论是文官还是武将，胡须都经过精心梳理，以表现威武的男子汉气概。

唐朝是中国艺术史上的黄金时代，服饰和装扮承袭并夸张了前朝的传统形式，更吸收了很多外来的胡服式样，前比秦汉、后较宋明都要亮丽突出，其开放的程度尤其让今人叹之不如。唐朝服饰文化影响深远，今天的日本、韩国的传统服装大致都受唐服的影响。亦汉亦胡的半臂衫盛行于初唐，低胸翻领的胡服风格独特。中唐以后，服装渐渐变得宽大，长裙曳地，再配上颜色艳丽的披帛，显得雍容华贵。这种装扮，一直到五代初还能见到。唐代妇女的另一装扮特色是喜欢在面部贴饰花。据说这种风尚源自六朝宋武帝之女寿阳公主：有一次，花瓣飘落在公主的额上，拂之不去，而使她看起来更为娇妍，宫女们争相效仿，于是蔚然成风。

唐代由于连通了西域，受到外族服饰文化的影响，甚至产生思想观念上的变化。一些具有反抗精神的妇女，为了挣脱封建枷锁的桎梏，和男人并肩外出，便出现了女扮男装的摩登场面。在唐代，经常能见到头戴幂篱、帷帽，身着男装袍裤的女子与男子同行的画面。帷帽源自边疆民族，原本用来防阻风沙和御寒，南北朝时传入中土。

宋朝崇尚理学，服饰也趋向简朴保守，但在大典中穿的礼服，仍然刻意讲究、富丽堂皇。花团锦簇、珠光宝气的凤冠，就是在宋代由前人头上戴花或戴珠宝的风气演变而来的。

褙子是宋时妇女常见穿着的外衣，到了明朝则演变成无袖的比甲，比甲衣长缩短至腰，便成了清朝的马甲，也就是现代的背心或坎肩。

冠翅细长平展的乌纱帽，由唐朝的幞头四带巾演变而来。据说这种展脚帽可以防止百官上朝时交头接耳，以振朝威。

辽、金、元时期，服装式样多少与汉族相似，但服装的色彩和妆扮却能反映出各民族的特色。辽族男子髡发秃顶，仅两鬓和前额留有头发。元朝的男子额前留一小绺短发，两鬓则结成发辫，卷垂在耳后，头戴斗笠帽或四方瓦楞帽。明人戴的六合一统帽和清人戴的瓜皮帽，都是从元时的两种帽子演变而来的。元朝的贵族妇女则戴高耸的罟罟冠。

明清时期，帝王穿着饰有十二服章、龙纹、八宝，间以五色云纹的龙袍，朝臣则以袍服颜色及胸、背补子的图案区别官职：文官绣禽，武官绣兽，一至九品官都不同。清朝还以帽顶、朝珠、朝带的不同来区分百官的品级。

满族妇女身穿宽松的袍服，头梳高耸的大拉翅，脚蹬高底的花盆鞋，这种装束可谓前所未见。汉族妇女的衣着，多半还沿袭宋明以来的传统式样，以襦袄为上衣，下身搭配裙子。到清中叶，披风式的斗篷才开始流行。

民国以后，政府对人民的服装没有硬性规定，仅民国十八年颁布过一般礼服的式样。受社会日趋开放和国外的影响，日常服饰呈现舒适、实用、美观、流行等多种风貌。民国流行的女学生装——立领合体短上衣配裙，造型源于旗服，成为当时服装流行趋尚。男装的中山服、西服、长袍马褂等在民间广为使用，直至中华人民共和国成立。

20世纪60至70年代，由于国内的政治运动，服装的式样与色彩出现了罕见的男女清一色的状况，服饰艺术趋于落后。80年代初，改革伊始，在少数激进人士中间流行起时髦的喇叭裤，与今日时尚的大腿裤同出一宗，而在当时穿着者多有浪子之嫌。时光荏苒，到90年代的中国，服饰文化光彩大放，引进、吸收、发掘、创造使服饰行业欣欣向荣。

# 第一章　本源

水有源，树有根，不走到人"道"学的路上来，就无法真正探究人的服饰。正所谓，皮之不存，毛将焉附？所谓人"道"学，即多维生命观：社会、自然、身体、灵魂、心性……

"道"是天尊对人间最慈悲的叮咛。

华夏民族的元老伏羲开先天八卦之象思维方式先河，辩证理论密码开启天地人三才宇宙观。这一套"道法无穷"在那个自由任性的春秋时代被演绎得淋漓尽致，诞生了无数翘楚，其中的精神大佬就是"老子"。他完善了中国思想史上系统探讨世界存在始源问题的哲学体系，其中探寻得最多的就是"人"自己，由此道诞生了"中医"及其他……

那么，衣食无忧，追求精神世界是为了什么？

## 一、宇宙生命的本源

生命及万物的本源是什么？就是宇宙那个无形无象、无声无息、无作无为、如如不动的本性。生命的阴性物质是来自宇宙中心的灵光（光子流）；生命的阳性物质是由被称为"宇宙蛋"的光团爆炸后，能量转化，阴极生阳，转化而成的肉眼可见的物质。我们所在的银河系，可能就是由传说中的"盘古大帝"这个宇宙蛋的爆炸而形成的。阴阳两种物质都源于道。生命就是由阴（灵体）阳（肉体）两种物质组合而成的。相对来说，低级生命以阳为主，高级生命以阴为主。所谓的"低级"或"高级"只是运行速度不同，并无高低之分。

生命都来源于宇宙本性，说明众生原本就有佛性或者说道性。可是，在这个世界上，物质对精神的诱惑力太大，众生误以为这个世界的东西都是实有可得的，整天向外追求，久而久之，也忘记了自己原本就具有的佛性，迷惑颠倒得久了，就和内在的真我本性失去了联系。由于长期在红尘这个舞台上游戏人生，也忘记了自己原本为了发挥道的力量，加持这个世界的使命，甚至否认道的存在。这既不是唯心也不是唯物，而是在心物辩证关系中，物对心起的转化作用。可见物对心的作用和转化之力非同小可。

但是，众生毕竟都有"道"性，灵魂的深处储存着慧性种子，都隐藏着宇宙的真我本性。众生在找到自己的本性之前，永远不会满足，这就是我们对生活永远不满足的原因。但是，众生不知道，他们要找的那个真我本性就在自身之中，万物皆有，早已具备，却一直向着外界的方向，追求外面物质世界的东西，来填补内在永不满足的空虚。众生不知道，外面的物质世界只是本性中变现出来的妙有作用，是末而非本。

## 二、无限的生命层次

宇宙是无限的，宇宙中的生命也存在无限不同的层次。佛家将宇宙生命粗略分为十法界，即地狱、饿鬼、畜生、人、修罗、天、罗汉、缘觉、菩萨、佛。在每一界中，又可细分出无数的生命层次。每个不同的生命层次，都有着不同的时间、空间、速度以及生活环境、生存方式和沟通方式。

有的科学家认为，宇宙存在十三维空间。三维以内的众生称为"欲界"众生，身体由基本粒子（阳性物质）组成，其运行速度远在光速以下；四维的众生称为"色界"众生，以光的形态为身体，其运行速度可在光速上下摆动；五维、六维的众生称为"无色界"众生，当他们处于深妙禅定之中时，连光体也没有，其运行速度一起步即超光速，对他们来说，已不存在任何空间障碍，可以穿透一切物体，但是仍未突破时间和速度的极限，还在三界六道之内；七维以上为四圣法界，已无任何时间、空间、速度限制，宇宙的任何地方都可瞬间即到，无处不在。

我们平常说生命是无限的，仅我们人类居住的地球而言，到目前为止，没有一个人能够说出地球生物种类的确切数字。我们人类作为地球的高级生灵，尚不清楚地球上的生物种类，何谈对宇宙生命层次的认识？我们人类的五官只能感知到三维以内，并且与自身生命层次较接近的生命，如动物、植物。对于其他，如石、土、水、桌、椅、冰箱、电视等物体，人们认为它们是没有生命的。其实，它们也都有生命，里面也有灵体，只是生命层次较低，本身没有主动的能力，只有从属性而无主动性。另外，在宇宙空间，绝大多数生命是肉眼看不见的，它们充满空间而又不占有空间。假设宇宙间有十三大维层，把每个数的后面加上一个小数点，就可以变化出无穷无尽的维层，每个维层中又存在着无限的生命。

宇宙大爆炸的奇点背后还有一片虚无，暂定名为"太虚"——另一个肉眼看不到的世界。奇点演化成太极，太极的分界线是运动着的"三"。让

▼思维、想象构成：点线面的无限生命状态

我们把"道"的轨迹拉近一点，拉到人们现实生活当中的——服装，有面料和人体，那个"三"就是动中的制作；自然界中有种子和土地，"三"就是空气、水、太阳的综合作用……

## 三、外环境：服饰的起源

我自问："道"是什么？就是生命的本源。人的生命的"本源"是什么？就是他原来的样子。他本来是什么样子的呢？他本来的样子是要吃喝拉撒睡、衣食住行、生存、繁衍。那不是说废话吗？我们现在就是这样生存着……

是的，我们在生存的真理上有时忘记了本道，因为我们还有弱肉强食，好了还要更好……因之属于凡夫的我们先要明"本"，即所谓"德本"，走在衣食住行的台阶上，往精神的深处攀登，才不至于想"咻"的一下到"佛的天堂"，那是不可能的。即使能"咻"的一下上去，掉下来会更惨。我们学佛，不谤佛。所以回到我们先祖给的"本道"上来，或许是我们长生久视的光明途径，起码祖先5000年文化命脉"演"了那么多"戏法"。四大文明古国如今只有中国依然这样繁盛。明不明白确实看各自的造化，救"文运"就是救自己的"命"！

关于服饰的起源，后人提出很多学说，如遮盖说、抗体说、装饰说等，众说纷纭。沿着古人走过的漫长道路探寻，服饰的功能最初是为了保护身体、增加美感，后来逐渐演变，又具有了象征身份和表达礼仪的作用。

根据史学家摩尔根的分析，人类进入蒙昧时期的高级阶段，是以弓箭的发明为标志。那时人类已经具备定居成村落的某种条件，对生活资料和生产工具也有了某种程度的掌握。对于这个时期衣服的来源，没有文字记载，不可能有系统的资料，因此在研究服饰史时，更要学点艺术史。

人们常把原始社会比作人类的童年。恰巧，近代最早进入人们视野的，一万五千年前旧石器时代的大型壁画——阿尔塔米拉石窟壁画，是 1870 年研究古代文化史的西班牙学者桑图拉的小女儿发现的。在幽暗的石洞中，画着红色、黑色、黄色和暗红色的野牛、野猪等动物，风格各异。1940 年由一群戏耍的小孩发现的隐藏了一两万年的拉斯科洞窟壁画，也有着粗犷、朴实、生动的绘画风格。艺术从一开始诞生，就与人的社会生活、幸福、利益联系着。

为服装的出现寻根求源，应该用辩证的发展眼光去认识和分析。正如恩格斯所说："手不仅是劳动的器官，它还是劳动的产物。"人类与生活在同一环境下的动物一样要抵抗寒冷，要保护身体。动物靠它们的皮毛来保护身体、抵抗严寒，用彩色的毛来装饰自己；我们人类在狩猎过程中，把兽骨磨成针，再把兽皮割破缝合起来，系在腰间，来保护和装饰自己。北京周口店山顶洞文化遗址中发掘出的一万八千年前的骨针，已经证明了这点，也回答了原始的艺术家们并非精力过剩，来画些动物观赏。动物是人类赖以生存的"法魔"，那些美丽的图画，在原始人的心目中，作为祈求丰收的对象，比起作为纯粹欣赏的对象来，更加重要！

史前时代的英文是 Prehistoric，意思是没有文字记录以前的原始时代。在研究服饰史的过程中讲述一点艺术史，是为了让人们从石头、岩洞、地下墓穴中追寻人类思想的轨迹。人类学家认为，人类起源于较温暖的地带，而不是北冰洋。非洲热带地区的福哀谷居民，认为衣服是累赘，没必要穿。原始人也是不穿衣服的，维伦道尔夫的维纳斯神像，就完全裸着身体。

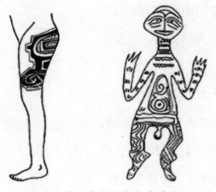
▲原始人的纹身彩画和全身涂彩

另一种不穿衣服的原因是，纹身能发挥装饰作用。原始人利用涂彩，在身上某些部位如面部、双臂、前胸、后背等用刀刺的办法（叫"刺青"）划破皮肤，形成突起的疤痕，作为某种标记或以此表示装饰美。我国少数民族独龙族一直到新中国成立后还保持着纹面的传统。至于今天西方兴起的前卫画派，直接在皮肤上用颜料画服装的做法，大概有些受原始人装饰艺术的影响。

新石器时代的遗物：1952年在罗马尼亚出土的"坐着的女人"，身上看起来是纹身装饰，也没有穿衣服，性器官是裸露着的。人类学家和心理学家研究认为，装饰的欲求比害羞的心理出现得要早，原始民族中有不穿衣服的，而没有不装饰的。纹身最初是种性吸引，近于生殖器部位，以增强性诱惑力。人类的自生繁衍是生命的本能，与宇宙生命需要繁衍无二。有人说：真正更性感的是那些穿得很少、似露非露的，而不是全裸，似露非露比全裸更富想象力与刺激性。

▲原始人的生殖器部位装饰——阴茎套和臀部彩绘

蒙昧时代进入野蛮时代的标志是制陶术的萌生。我国原始人的服饰式样，可从辛店彩陶上的剪影人物形象找到根据。在现在印第安人的服装上，还可以找到当年的影子，即很可能是织出两个身长，中间挖一圆洞，从头套下，腰上系带，正是当前人们崇尚的"返璞归真"。

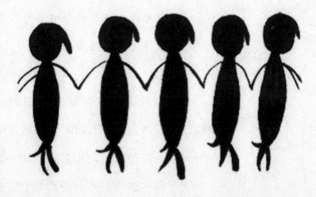

▲1973年在青海大通县上孙家寨出土的彩陶盆上的舞蹈人形

▲彩陶剪影：让人成为"金字塔"的服装

有些人认为，任何金字塔形状的东西都会产生能量。为什么？现阶段还是谜。

## 四、内环境：身体里的觉受

我们为什么会说心灵的衣裳？

心灵的衣裳会变换、有色彩吗？

其实生活就是万有的法宝，它时时刻刻提供给我们美好与痛苦的感觉体验，而这些生活的细枝末节就是打入心灵的直接通道，用句时髦的话说，就是"当下的旅程"……

当我们安静地坐在那里，坐在金字塔里面（盘腿坐着如金字塔形），在观念中把自我变成金字塔的时候，金字塔的能量就变得巨大无比。庄子的一句话可以拿来形容这个巨大的金字塔："天地与我并生，万物与我为一。"

生命是由感觉＋知觉构成的。感觉是触＋受，属于五官（眼、耳、鼻、舌、身）的职能。触是知和觉，受是思和想。我们安静下来，带着呼吸去感觉"知和觉"、"思和想"的过程，就是佛教八识前五识中的三识。这一系列的东西建立在身体的物质层面（身体里大部分是水），呼吸将触受和思想这两个意识提高到更高的层次——灵和魂或者心和魄。这就是生命真相。

连接心灵的感觉和触受五识的通道就是呼吸。在呼吸当中，前段20分钟要安静下来，放松，让身体中的水非常平静。这是为了感觉身体里的变化。怎么感觉身体里的水呢？水与温度有关，当温度突然升高的时候，水就变成水蒸气往上走，它走的时候带着身体里灵魂走了，而且越来越远。呼吸会把灵魂拉回身体内在来，所以要带着呼吸与灵魂合二为一。这个时候，我会跟着一起走，走得再远也不害怕，因为我在体验生命中最神秘的一刻。这种感觉太美妙了，没有一本书能把它讲透，因为讲不透。我只能靠一种感觉，一种理论的方式把它写下来。

地球表面约78%是水，我们人体约70%是水，婴儿甚至达到80%。当身体很平静，处在安静状态下的时候，身体里的水是常温的，是自然流动的。当水自然流动时，我们称之为气（炁）。气在身体内流动是没有障碍的，"碰到石头会跳过去"，不会顶着不动，所以我们的感知觉体系就发挥作用了。因此在静心时要提醒自己：呼吸还在吗？紧跟着我看着它对它说：是的，不去反抗它，让这个水的形态正式流动起来。当我们让自己的心安静下来的时候，它就像"波浪滔天和波平如镜"一样；当我们的思想很混乱、身体里的水起起伏伏时，它就很浑浊。水只有波平浪静时才能像镜子一样反射内在，看到过往看不到的东西。如果身体里的水是浑浊的，就什么感觉都没有了。

现实生活中，我们都很忙碌，忙到每天想东想西，一会儿想工作的事情，一会儿想家里的事情，想着孩子是否又在吵闹了……好了，这一切的事情，就把身体内的水搅浑了，之后就没有感觉了。这个时候的我们就称为"人"，失去了知觉的这个"佛"叫"人"；当你觉知到这一个系列的存在时就叫"佛"，有觉知的这个"人"出来后就成了"佛"。释迦摩尼佛经过最后的"非想非非想"的三年之后，仍没有停止探索，他发现生命还有更高的层面，虽然他可以很安静了，身体里边的水也安静了下来，他了悟了生命之道，可是他知道自己还没有完成对人生的探索。他说：我知道生命是怎么回事。他很清楚地知道，因此他到雪山上苦行六年，去找寻生命奥妙之后的人生奥秘。

人生的奥秘我们称为"智慧"。释迦摩尼佛通过六年苦行，觉悟到苦行不是道，他认识到生命的奥秘是生老病死。他了知这个过程，然后一个人在菩提树下静坐七天七夜，发愿：不找到人生奥秘，誓不起来。七天七夜后他突然开悟！因此说，在整个人生奥秘探索的过程中，我们需要用时间来经历生命和人生之道。

## 五、人体内环境——水

老子在《道德经》里专门描述过水——上善若水。对于水的深层领悟来自老子的老师常枞（一说名商容）。《淮南子》说："老子学商容，见舌而知守柔矣。"

还记得形容水的成语"波浪滔天"和"波平如镜"吗？

早上起床，我按部就班地洗脸、漱口、喝水……突然发现自己从一起床就和水打上交道了……我知道我们人的生命核心也是由水组成的，与物质化的生命世界一样，是由美妙的情感能量的氢／氧原子组成的。

水是幻象还是真的？佛说这个宇宙都是一个梦幻，是一个幻象，但我们这么说就是在重复他老人家的话而已。我们没有真正领悟到、经验到它存在的真理！

当温度低于零摄氏度时，水就变成了坚冰，越冷它就越坚硬，冷到一定程度，它就无坚不摧了。此时它的"道法"就是如此，必须顺从于它。如此的"道法自然"。

当温度为常温时，水就是我们平时看到的水了，轻柔无比，可以变成任何人们想让它变成的形状，你只需要用任意形状的容器来盛它，它就是这个形状。此时的我们可以真正看到和经验到什么叫作"顺其自然"。当然，它的"道法"就是如此，它由高到低地流着，有石头挡住它，它就绕过去，决不反抗！如此的"道法自然"。

当温度变得更高的时候，水变成了水汽，往上升着，轻柔地、无任何形状地、自由地向上飘着。它要去哪儿？连它自己也不知道，只是顺其自然地上升着，飘着。这就是它的"道法"，如此的"道法自然"。

水、冰、水汽，哪个是真的水？都不是。它们只是水在各种环境下形成的各种形态而已。我你都是水，所以可以用它来做任何事情，甚至把它喝掉，它也毫无怨言！因为它清楚地知道，它成为你，以你的形式存在着！

现在的身体也是一样的……只是以现在的形式存在着。八十年前你的身体在哪里？呵呵，或许在那个时候你以那时的水的形态存在着，或者说，你根本不存在；八十年以后呢？一样，你同样不存在，或许以后的你会以很另类的形式存在着！反正不是你！

既然八十年前的你不存在，八十年以后的你也不存在，两端都是空的，那么你现在又如何存在呢？

感觉得到的只是"真正的你"的一个存在形式而已。真正的水就是这样的，你看到的是它的表现形式，却不是真的它！真正的水是不变的！不变的就是那个"道"的中心轴吗？

……

思想的年轮转到 2500 年前，老子的老师商容病得很重。老子去看望老师，说："您还有什么话对我说吗？"商老师看了看这个好学的学生，心里高兴，招招手让他靠近点问："经过故乡要下车，你记住了吗？"

"经过故乡要下车，就是要我们不忘旧。"

商容说："对呀。看到乔木就迎上去，你懂吗？"

"看到乔木就迎上去，是要我们在自然中感悟生命的长久？"

商容说："是这样的。"商容张开嘴给老子看了看，问道，"我的舌头在吗？"

"还在。"

"看看我的牙齿还在吗？"

老子笑着说："早就没有了。"

商容接着问："你知道是什么原因吗？"

老子答："舌头之所以存在，是因为柔软而得以生存；牙齿不存在，是因为强硬而丧失。"……

商容通过自己的言传身教，让年轻的老子掌握了知返、知反的规律，明白了舌存齿亡的道理。因此后来在《道德经》中，老子写下了"天下之至柔，驰骋

▲战国鹬蚌相争的故事。从图中服饰看故事，且行且领悟……

天下之至坚"的感悟。

那么我们在各种环境下看到的水，只是水的表现形式；人也一样，在各种环境下所表现出来的烦恼、愤怒、悲伤、喜悦、兴奋、忧愁等等，也是人在各种环境下的不同表现形式而已，并不是真正的你！当我们的思想念头被这些无穷尽的"烦恼、愤怒、悲伤、喜悦、兴奋、忧愁"搅和，身体里的"水"就会一团浑浊，甚至"波浪滔天"，不近人情。当我们让自己安静下来，尽量少些杂念，身体里的水渐趋"波平如镜"了，是不是可以照见、知晓你的身体和灵魂真正想要些什么？这就是佛陀通过多种修炼、止观等所证悟的"真知、真见"。人就如同水一样，其真相以不同的能量形式存在，这是对生命的一个又一个触受感、一个又一个的念头组成的思想觉知。

▲大树和生活、生命、生死

因此，了解"我"的一点一滴，是瞭望人类智慧学大树尖上的嫩叶。如果要给每一个"我"穿上新衣，就要懂得知返、知反的规律，让穿衣人的气质、能量场用衣装中和、平衡。简单说，就是了解自己的内在，学会观人的精气神，用生命的情感为现实的人设计有生命的作品。

"道"在这本书里延伸出的枝干、树叶、花朵，都可以用在活生生的生命活动与生活中。懂得它，可以滋养到每一个人，从而滋养自己的生命。

作为一滴水的我们，也只有融入生命的大海，才能脱离生死而获得永生。


# 六、外环境：文字铸就我们的灵魂

文字由先天八卦诞生。

文字是文明的开始，中华文明从公元前 7724 年伏羲氏风姓集团开始，距今约 1 万年。

西方社会说：中国只出土了商朝的甲骨文，中华文明只有3000 多年。

图画不是文字，可图画是象形文字的雏形。

文字奠定了中国画线描的基础。

西方科学证明汉字能同时开发人的左右脑，是三维立体的，以形表意适合快速记忆。

汉字由"一"主轴，一脉传承，没有断线。

那么我们用生活游戏来看，汉字到底怎样修炼，秘密到底在哪里？

为什么叫"待字闺中"？发饰与"字"有什么关系？（详见147 ~ 148 页的《易经》与《黄帝内经》详解）

在现实生活中，大家坐在一起开会、学习或游戏，如果突然有人指着一群人中的一个人说："请你站起来。"因为人多，那个人或许不能确认是不是自己，一定会指着自己的鼻子说："是我吗？"

甲骨文的自，画成🔺，这是鼻子的象形，也是"我"的意思。人类最初形成时，说话还只能发单音，对方听不懂时，下意识地指鼻子代表自己或"我"。久而久之，指鼻子的动作就保留在人类的基因中，代代传递。从一个汉字可以看到中国远古人类的发展，包括思想文化体系、社会体系、婚姻体系以及生理体系等。

衣：衣服的起源纯属是为了抵御严寒和保护身体，也有一种遮羞起源说。我们从原始心理心态来看看"衣"字的构成：古字🔺。"裘"字怎么写？古字🔺。裘就是一张带着毛的兽皮。天气太冷了，人们裹起一张兽皮用草绳系在腰间，便是衣服了。从此直到明朝，中国人的衣服以长衫交衽 V 领为基本型制延续了几千年。这些原始基本状态还原了人类心态的简单自然，冷了就穿，热了就脱，方便快捷，是实用主义的很好展现，然后才是装饰、遮羞、便于劳作的功能性。休闲穿衣，当然是从简宽松自然了。

食：吃饭是人类生存繁衍的基本需求。民以食为天，古文字的"食"写作🔺，这是一个会意字。人们用最简单直接的方式告诉对方，吃饭了，倒过来张开的嘴对着形态各异的原始器皿，这不就是吃么？所以，甲骨文、金文、钟鼎文中的食字都是倒过来的张开的嘴对着不同的器皿。从画出的字了解先民的简单直接的思维方式，从因陋就简的生存法则修炼人与自然的和谐共生关系，了然于纸上的童心，是我们回归自然和本真的、无分别心的食禅！

住：原始人的居所，也是歇息的港湾。有人说古字"居"写成🔺，是人蹲着的样子，表示两足支撑地面；我说这是人坐在垫了草的石头上或树根上。人们劳动了一天了，好累啊！坐下歇会儿，于是居家归家的概念得以形成。正所谓居无定所，人只有安定下来坐着不动了才有定的概念。怎么会是蹲着呢？蹲着累呀！不如直接与大地接触，坐在地上舒服。但是，中国人已用文字传播文明了，坐在地上或蹲着显得不雅。我们修炼时也是坐在垫子上，把自己放松到最舒服自然的状态。居家过日子要的就是舒坦、自然、自由、安然。我们看看那个"家"字——𤴙，这每一个家就是一个社会细胞，人们在无风无雨的家里与亲人团聚，其乐融融，其情浓浓，这即是居家过日子的"生活禅"之美好意境，谁不向往？但是，生活往往事与愿违，那么我们需要把心放下，安住在凡尘世间的琐事之中而其乐融融！

行：《说文》的解释是：人之步趋也。步，行也；趋，走也。二者一徐一疾，即阴阳皆谓之行。甲骨文𢓊像头四肢三属三连，也像相互交叉的两条大路，左右脚重复交替，象形两只脚代表步伐的多，可谓之"行"。因为东汉许慎在著书时，并没有看到真正的甲骨文，因此现代甲骨文的出土，让我们领悟文字背后的灵魂秘密。篆体字𢔅似脚趾抓地行走，正所谓脚踏实地慢慢行走。古人的行与步是截然不同的概念，行是脚趾抓地在规定的横道和弯道小步走，步为跑。按规矩来行事也是决定你的人生道路之一吧。

方方正正的中国汉字，看起来那么渺小，但是如果你经常用繁体字去书写（不是电脑打字，而是拿笔书写），看着那些可爱的、由图画或形声或会意或借假而生的文字，你会发现很多古人的奥秘，真的会会心一笑。如"祖"——祖先、祖宗等意涵都代表了传承和繁衍，古代字"且"代表的就是男性生殖崇拜。"女"字，也是女性生殖崇拜的象形字。以女子为偏旁的字，其实是母系氏族社会的产物。为什么这么说呢？原始社会的人群居群宿，知道女子怀孕生子，而不知其父是谁，孩子就认母为姓。所以汉先民圣贤的姓都有女字在其中（如黄帝姓姬、神农姓姜、虞舜姓姚等），并且他们的出生都很离奇，其父大多是动物或自然之物象。男女混居导致血统不纯、人口质量下降，经过许多年后，向父系氏族社会过渡而延续婚姻制度成了必然的结果，直至夫权社会在中国大地延续几千年。向父系氏族社会迈进和随父姓成为规律，如果现代人从母姓，似乎是与传统对抗。这也是一种潜在的"只知其母不知其父"的基因暗喻，由此便在人的内在产生了某种能量。也许这是我的一家之言，但是汉字的造字过程充满了中国人的集体智慧，汉字是在人们不断的生产劳作和细微琐事中逐步诞生发展而成的文字。汉字从象形到表意再到形声经过三个阶段，最后形声文字确立（可以拆开的是形声字，给你很多想象的空间和创造的空间），这是祖先的选择，也是历史的选择。它最有价值的原因就在于它是"集体的中国人在生活中由经验和故事发展而来"，它就是人类一步步繁衍、发展走过来的生活禅。道，就这样在宇宙大地之中一直延续……

古人用文字告诉我们"德"的真正意义。所谓德，即你要按自己的心去行动，合乎四方和四季的自然规律。

繁体字的"愛"，把心放在中间，是不是合乎人体的自然状态？只有用心感受、感知、接收、接受的爱，才是真爱。爱，不掺杂金钱、外表、地位等，它不是给予，而是接收和接受！

中国古时有一个典故"柳下惠坐怀不乱"，为什么会这样呢？曾经有人嘲笑柳下惠不是一个男人。我想，爱和性不是用来炫耀的。如果柳下惠心中种下的是一颗纯洁正直的种子，那么不相宜的土壤能让种子发芽吗？那就是柳下惠都没有接收到对方的东西。没有接收何来接受呢？没有接受当然碰不出火花。所以说世间的每个人都可以做到禅定，只是你需要一个和你相应的时间和空间、人事而已。这是我悟到的。当然每个人都有过拒绝不相应自己的东西的时候，只是没有在意而已！

# 第二章　阴阳

万事万物的存在都有相关性。

绘画在心脑系统里的阴阳和在服装面料上的呈现，你能分出阴阳往返、内外有别吗？

西方绘画从2600多年前就走了一条与中国绘画完全不同的路线。画家们先从现实生活中描绘看到的显意识，其写实风格超过了现代照相机。当他们发现照相机完全取代了写实绘画时，才意识到个别的大家，如梵·高、马蒂斯，很多年前就在描绘我们内心看不见的感受。如是，他们的画被"解剖"到心理学高度。其实不然，心理学的层面还只是停留在人类的大脑皮层，我们还有更深层的心脑系统，从东方的大汉王朝的帛画可见一斑。

我们在不同的绘画中让服装面料以什么样的姿态出现呢？是加入"芯片"？还是把各种类画照搬上服装面料上？

## 一、了解潜意识和显意识

只有亲身去做，不断地训练，才能产生生活中的觉察和觉知，用艺术理论和绘画艺术显像呈现"潜意识"，用理论和绘画把个体的内心世界提炼在画布上，加深视觉冲击力，从而强化印象。

理论家贺野说："多样化的艺术形式也有利于传统艺术兼收并蓄，推陈出新。"

兼收并蓄，推陈出新：西方的智慧与东方智慧相融合，摒弃东西方文化中的糟粕，打开全新的智慧之门。我们用华夏的古老文明解读音乐、绘画、古籍经典在身心灵中的运用。当下所写的、所做的一切就是我理解的兼收并蓄、推陈出新。

若安·米罗"超现实主义"的第一次艺术实践，是他和朋友同时不加思索地在纸上不停地写下去，甚至连标点也不加，记下一切掠过头脑中的意识片断。他的作品有儿童画或原始画的稚拙味，但形象多半难以辨识。

一切掠过头脑中的意识片断，就是内在意识的显现。我们并不不关注它，只有少数前卫的艺术家画出了超越当时现实的画，被当时的社会不认可而穷困潦倒。后来人们发现了它的奥妙，而美其名曰超现实主义画派。其实那就是人类储存在右脑的一部分历史和生命信息。

我们怎么尽可能多地获取右脑的信息？那就要多给自我一点静观自我的时间。

18 世纪英国的浪漫主义诗人和画家威廉·布莱克的诗写得隐晦，是后来朦胧诗派的先趋，画则采取幻想和象征手法。一两百年来人们都不太理解，因而忽略了他们的价值，只是近二三十年才引起史家的重视，并深入的研究。

儿童画或原始画的稚拙味，就是大道至简、自然天成。儿童和原始人一样，他们是至真纯阳的能量体，在没有被雕琢和污染的心灵空间自由地放飞自己的所思所想。稚拙不可笑，可笑的是心灵被经验蒙蔽，被意识左右。我们不妨在社会中糊涂一点、傻一点、吃亏一点，用时髦的语言说就是萌。萌，是一种态度；萌，是一种气势；萌，是零的所得；萌，有纵横宇宙的范儿……

诗的隐晦、画的幻想和象征手法，都是潜意识掠过头脑刹那的影像写实。诗可以表达自己曾经存在的感觉意境。

## 二、内外环境：显性绘画和心灵复古、回归

萨尔瓦多·达利是具象的"超现实主义"画家。他画的形象从局部看异常写实，而整个组合却是荒谬而不可解。但从整个纯艺术形式上说，他不求更多的人读懂，却给艺术界创造了更广阔的发挥空间，使实用更完美，使艺术更超脱。

超脱的是艺术，也是我们自己内心的独白。右图达利作品描绘的是三维世界的脑阴阳。也就是说我们其实是分裂的整体，矛盾中的对立统一，而画中两处延伸的道路，到底哪条是去往我们生命的终极方向？这幅画表现了：视幻觉是我们潜在的灵魂，均衡是平衡我们身心的良药。

▲达利作品　　　　　　▲唐寅作品

塞尚是印象派的主将。作为现代艺术的先驱，他对物体体积感的追求和表现，为"立体派"开启了思路。塞尚认为："画画并不意味着盲目地去复制现实，它意味着寻求各种关系的和谐。"我们在生活中强调各种关系的和谐，这是人类身心灵和谐的重要组成部分。

从塞尚开始，西方画家从追求真实地描画自然而转向表现自我。这也是如同美国 E·B 赫洛克著的《服装心理学》中所说：服装就是自我的标志。人们可以通过不同的途径来表现，有的人通过事业成就，艺术创作等，而借服饰表现自我更直接了当，简便易行。自我表现的源泉必须是自然、人和生活在其中的那个世界的事物，而不是昔日的

▲马远《寒江独钓图》

▲塞尚《玩牌者》

故事和神话。塞尚希望，把这些源泉里出来的东西转换成绘画的新真实。他作画常以黑色的线勾画物体的轮廓，甚至要将空气、河水、云雾等都勾画出轮廓来；他在创作中排除繁琐的细节描绘，而着力于对物象的简化、概括的处理。这是与古典中国画的对话。

塞尚无意于再现自然，而他对自然物象的描绘，根本上是为了创造一种形与色构成的韵律。他曾说："画家作画，至于它是一只苹果还是一张脸孔，对于画家那是一种凭借，为的是一场线与色的演出，别无其他。"人性的根本就是纯粹和简单，塞尚只不过用艺术来表达而已，可他足足与当时的传统抗争了"一个世纪"。塞尚绘画其实是对中国人灵性绘画的复古回归。

人类的历史进程为什么总要绕个圈后再觉察时间的隧道，找寻回家的路呢？以合乎自然和社会法则的新真实和新自由率性地生活，是我的人生态度。我以这里为起点，把事情放下来，把心静下来，每天留一个小时"逗留"宁静清明的文化，尝试心灵复古和回归的旅程，总有一天会走到愉悦的终点……

## 三、外环境：人类生活所需

从此节开始我们已经进入华夏根文化的分支，向人的需要"儒"的层面发展。但是我们的根本——道，依然是那么明亮、宽敞而干净的大道，一切出于生存而分享的本能，分享自然界的一切美好，为人类共生共存！

古代的丝绸之路缘何产生？


### 1. 人体外环境——衣

在历史学上，一般把公元前30世纪到公元初的几个世纪称作古代。古代的人类生活以农业和畜牧业为主，受自然环境与民俗的影响，中西方在服饰上也有一些差别，特别是在衣服的用料上差别比较显著。如古埃及、古希腊、古罗马人以宽松、悬垂、多裸露的卷衣为主。古埃及的亚麻织物和美索不达米亚地区的毛织物，明显体现了北欧和南欧的气候条件和民族风格。由于古代生产力水平的局限，尽管古埃及和古中国掌握了相当的纺织技术，但衣料并不充足，服装就成为身份地位的象征，也起到了表达礼仪的作用。

中国人很早就懂得缝制衣服。在北京周口店山顶洞文化遗址中发现的一根骨针，证实了距今一万八千年前我们的祖先在自己的需要中已经学会了初步的缝纫技术，并传给子孙。在中国山西省夏县尉郭乡西阴村彩陶文化遗址中发现的半个切割过的家蚕茧，证明我们的祖先在很早就懂得了植桑、养蚕。相传黄帝的妃子嫘祖教百姓养蚕织丝，是中国大规模应用蚕丝的开始。蚕丝是中国古代高贵的纺织原料。

唐代著名高僧玄奘法师在其口述的《大唐西域记》中，记录了一段在瞿萨旦那国（古于阗国，今新疆和田一带）听到的传说：古代的西域各国丝绸与黄金等价。瞿国原无蚕桑，听说东邻小国已有蚕桑丝织，便遣使东国求获蚕桑的种子，但被东国君主回绝，并严令守关，禁止蚕桑种出关。瞿国无计可施，便谦恭备礼向东国求亲。东国君主为了睦邻友好，答应了这门亲事。瞿国国王派使迎亲时，嘱咐迎亲者密告东国公主，瞿国没有蚕桑丝绸生产，请公主自带蚕卵桑子来完婚，今后方能自制丝绸服饰。公主离开东国时，将蚕卵桑子藏于头上的帽子内。出境时，守将搜遍了所带的物品，只是不敢检查公主的帽子，从而使桑树和蚕流入了瞿国。这个故事在公元3世纪时曾被雕刻成木刻绘画作品，该文物于20世纪初被英国探险家斯坦因在新疆和田地区发现并盗走。

蚕丝、亚麻等这些早期的服饰原料，对后世服装文化的发展产生了很大影响。

### 2. 古老的社会环境：中国和古希腊社会背景

可以说，孔子、墨子的另一职业是"服装设计师"。墨子说："食必常饱然后求美，衣必常暖然后求丽。"孔子说："君子不以绀緅饰"，"褻裘长、短右袂"。

公元前6世纪至前3世纪的正当中国的春秋战国时期。欧洲那些来自北方的过着原始生活的部落，吸收了克里特－迈锡尼文化，受到埃及和西亚文化影响，原来的部落先后成了古希腊各城邦的基础，它们的社会经济、政治也从氏族的贵族统治逐渐转为奴隶制。

公元前7世纪，古希腊艺术风格还带有明显的古埃及韵味。古希腊虽分为大大小小许多城邦，并各有一些方言，却有共同的语言文字、共同的神话宗教信仰和风俗习惯，各城邦的人都经常要去德尔菲城邦聆听"神谕"，每四年各城邦都要到奥林匹亚去举行全希腊的运动会。可以看出，当时各城邦间既有激烈的争斗，又有统一和交流。当强大的外族入侵的时候（如公元前490年和前480年两次波斯人的大举进攻），全希腊人联合起来奋力反击，反而能振兴平时涣散的希腊精神，也给文化艺术注入了新的生命。

当时的文化艺术中心是雅典。在希波战争中，雅典是各城邦的"盟主"；战争之后，繁华城市的迅速破败激起了希腊人重建城市的决心。战争中缴获的战利品自然成了雅典经济日渐繁盛的基础，它对外以霸主的身份扩张自己的利益，对内采取民主政治，给人民以更多的财富与自由。公元前5世纪中叶，雅典逐渐进入所谓"伯里克利的黄金时代"（伯里克利是古希腊奴隶主民主政治的杰出代表、古代世界著名的政治家之一，懂得争取中下层群众以巩固其政权，同时他还积极提倡文化艺术事业的发展，当时的学者、艺术家很多都是他的座上客）。

古希腊人在迎神游行时，可以裸身而舞；战斗和竞技时更是不穿衣服。公元前5世纪至前4世纪中叶，希腊处于蓬勃发展时期，人们用一种坦荡无邪的态度对待裸体形象，从而也获得了一种人体健康、纯洁之美。对比当时古代中国，在习俗与心理习惯上已经大大不同。

公元前336年，具有雄才大略的亚历山大，年仅20岁便做了马其顿帝国的皇帝，领军驰骋欧亚非大陆。他的霸业虽终未能实现，但却使得古希腊文明广泛传播，也把东方文化艺术带到了希腊。佛教艺术中后来所谓的犍陀罗（相当于阿富汗、巴基斯坦一带）风格，深受古希腊文明影响，并传播到印度和中国，敦煌艺术中可以说也有古希腊文化艺术的影子。

我国的春秋战国时期，也是社会大变革时期，这种变革深入到了各个领域，出现了群星灿烂的"诸子百家"和错综复杂的"百家争鸣"的局面。诸子各家之间展开互相驳难、论辩的生动学术局面，各家之间既有思想交锋又有思想融合，互相吸收甚至加以改造。

在这种思想大融合的环境中，成就了好学知礼的孔子。《史记·孔子世家》记载，孔子曾向老子求学问道，并学乐于苌弘，学琴于师襄。

《文子·上德篇》曰："老子曰：学于常枞，见舌而守柔。"《淮南子》曰："老子学商容，见舌而知守柔矣。"老子在他老师生重病时去探望，老师就很多自然现象举一反三点醒老子，其中就有张开嘴让老子看，当下他明白了"齿坚于舌而先弊，舌柔于齿而长存"的道理，到晚年写下"上善若水……天下之至柔，驰骋天下之至坚"的名句。

呵呵……

▲孔子杏林讲学，仲由穿着奇装异服来捣乱

在当年那个时空点，两个不同维度的头脑之间的对话，只有唯象方式。这里权且用语言文字解读：用当下时尚的"科学引力波"说，那是两个维度空间的拉力膨胀穿透的太极"三"，因此老子对孔子不会"鹦鹉学舌"，他一定不是采用现代科学所说的"字面语言用模仿型、视觉型思维方式"解读。以我的理解，如果孔子在兜率天境界，老子的境界依孔子说"像云里的游龙"，应该在别的维度吧！所以，老子不会直接模仿老师的话。我觉得现代讲的儒家完全不是孔子心目中的那个儒家了。孔子在"本道"的思想境界下，还是我国第一位"时尚服装设计师"。有着雄伟相貌、高大身材（身高九尺有六寸。先秦时代，一尺合今天 0.66 尺，也就是说孔子身高 2.1 米），加之武艺非凡、气质儒雅和才华盖世，给自己设计些服装再推行于学生中，是再简单不过的了。

《论语·乡党》记载："君子不以绀緅饰，红紫不以亵服。当暑，袗絺绤，必表而出之。缁衣，羔裘；素衣，麑裘；黄衣，狐裘。亵裘长，短右袂。必有寝衣，长一身有半。狐貉之厚以居。去丧，无所不佩。非帷裳，必杀之。羔裘玄冠不以吊。吉月，必朝服而朝。"这是孔子的衣着习惯。孔子对祭祀时、服丧时和平时所穿的衣服都有不同的要求和规定。他语重心长地说：君子不用深青透红或黑中有红的布镶边，也就是不用不纯的颜色布镶边，不用红色或紫色的布做平日常穿的便服，因为这两种颜色穿衣不庄重。夏天天热，穿粗的或细的葛布单衣，但必须加上外套再出门。因为单衣轻薄，平时在家纳凉可以放松休闲，但是出门时加外罩既礼貌又不失风雅。冬天，黑色的罩衣配黑色的羔羊皮袍，白色的罩衣配白色的鹿皮袍，黄色的罩衣配黄色的狐皮袍。这一段表明了他讲求色彩的高度协调和统一，也是孔子对精神面貌精益求精的写照。

平常居家穿的皮袍，要做得稍长，右边的袖子短一些。这里是儒家思想中追求实用价值的浪漫主义，在家穿衣首要是方便做事，不对称之美也是可以超越三维中的完美的。居家过日子，一定要有睡衣，睡衣要一身半长，不至于翻身不留神露出肚子和后背，这也是为养生考虑。狐貉皮毛要厚且毛长，这样才有保暖的作用。

服丧期满，脱下丧服后，可以佩带各种各样的装饰品。如果不是礼服，必须剪裁去掉多余的布。不穿着黑色的羔羊皮袍和戴着黑色的帽子去吊丧。每月初一，一定要穿着礼服上朝。

孔子对服装设计简约、简洁、清晰明快有着无限向往之情。他认为，服装设计不要拖泥带水，无用部分要毫不手软地坚决裁去。这也是求道老子窥探到的"损之又损，以至于无为"的思想在服装上的体现。

特定的场合要着特定的服装出现。着装一定要适合客观环境的需要，要做到"朝服而朝"。上朝时，一定要穿上官服，只有穿上了官服，才能像为官的样子，才能去拜见大人；演而化之，要做到市服而市、工服而工、学服而学、农服而农。包括"红紫不以为亵服"、"羔裘玄冠不以吊"，都是阐述着装要讲究场合。

春秋时期的中国，随着社会生产力的发展，一些诸侯国政治和经济势力急剧增长，开始不断向外扩张，各国间展开了持续不停的争斗。西周"礼乐征伐自天子出"的局面逐渐被"礼乐征伐自诸侯出"所代替。一些新兴的霸主，实际上取代了周王成为"共主"，这便出现了春秋五霸的历史局面。诸侯国各据一方，纷争不断。为了扩大自己管辖的疆土、取得霸主的地位，每个君主身边都有很多谋士，出谋划策，扶持霸主的基业，或兴或衰，在不同程度上对国家的政治、经济、军事、文化等方面的发展有所影响。俗话说"乱世出英雄"，争霸则要有明主。战国时赵国的第六位君主赵武灵王继位后开始改革军制，为建骑兵，采用胡服骑射，吸取胡人的短衣长裤服装样式，从而引领了战国的服饰时尚，并在改良后成为后代民族服装的主流。

▲罗马卷衣、古希腊穿多利亚式基同的女子、春秋战国帛画中穿曲裾深衣的妇人

战国时期的帛画在中国美术史上的意义与战国服装在服装史上的意义一样，都把传统的民族文化提高到了比较完善的审美领域。帛画奠定了线描、散点透视、神形兼备、贵在精神等中国传统绘画的风格；服装则奠定了上衣下裳、上下连属、合理缝制成形的中国服装基本形制，并赋予了服装纹饰与图案的寓意，把色彩美学融合进几千年的民族传统文化之中。

战国七雄之中的秦国，地处偏远的西北地带，服饰和礼仪与其他六国相差较大。秦国的斗士早期用牦牛尾毛做首服装饰，武将用绛帕包头，秦孝公用帻（头巾）。由于地理环境的制约，秦国在服饰装扮上较他国俭朴得多。秦国上下克勤克俭，经由商鞅变法图志，在七国中改革最彻底，因此经济与军事实力慢慢超过了其他六国，为统一中国打下了坚实的基础。在秦国完成了统一霸业后的一段时期，西方的古希腊艺术在技巧上有许多前代的范例可循，虽已精熟，但缺乏探索，渐渐失去了前两个世纪的蓬勃生命力，加之社会的动荡和生活的不安定，艺术创造中的悲剧之美又给文化生活赋予了新的色彩。然而，不管是服装还是雕塑，除复制、效仿之外，被罗马帝国取代的希腊已少有自己的创造，直到东西罗马灭亡。

### 3. 外环境建筑艺术：透射中国和希腊的生活

历史学家们普遍认为：欧洲文化的第一高峰期始于公元前 6 世纪的古希腊。众所周知，古希腊雕塑家在艺术史上最大的成就是对人体美的发现，但这又是特定历史条件下的产物。古希腊艺术家用很多雕塑语言来描绘裸体，然而在当时的环境下，古希腊人学会了纯真地看待裸体，直至现在的希腊人。除了希腊人，世界上还没有哪一个民族是这样看待裸体的。

艺术上的高度成就，基于经济的发达。公元前 5 世纪的古希腊处于朝气蓬勃的发展时期，其雕塑艺术给后人留下了不可磨灭的服饰文化与历史资料。在文字资料很少的古希腊，雕塑与绘画无疑给人以最真实与直观的印象。古希腊人崇尚男性健壮的人体美，而妇女则穿透明衣或披布，以衣饰来表现人体的柔美。在公元前 5 世纪的一块石刻浮雕上，一位年青的妇女坐在软垫上，向祭器里添香，虔诚地为美神阿芙洛狄忒献祭，均匀的衣褶很好地表现出人物健美而窈窕的身形，虽然只是半面浮雕，却给人以立体与空间的真实感。

谈到立体与空间，不能不提古希腊的建筑艺术。建筑是历史的最好见证，也是时代的一面镜子。某个时代出现某种风格的建筑，会直接或间接地影响到人们的生活艺术。这一时期，古希腊人的服饰可以与建筑相提并论。古希腊的建筑庄重平稳，在谐和的比例中显出一种自然的生命之美。古希腊建筑的重要组成部分——柱子，分为三种风格。东部沿海城邦流行"爱奥尼亚式"风格，它柔和、活泼，倾向于女性美。当时女人所穿的衣服也称"爱奥尼亚式"衫，款式灵感来源于建筑中的柱子。其柱身细长，柱脚垫起几层圆盘，柱头变大并向左右盘旋成两个涡纹。靠近南方的大陆城邦，流行强劲、坚实的风格，即倾向于男性美的"多利亚式"。其柱身微凸，周围垂直的凹沟使柱身增加变化，柱头是个大出一圈的圆顶。

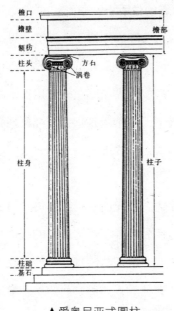

▲爱奥尼亚式圆柱　　　　　　　　▲多利亚式圆柱

希腊柱子的主要特点是有着竖直的条条凹槽，在阳光照射下，显出优美的明暗变化，富有节奏感，使人联想到希腊人衣裙上缕缕下垂的衣褶。所不同的是，衣褶会随人体的动作不断变化，更富有活的韵律感和节奏感。全身由上至下无数自然褶裥，增加了平面衣料的立体感，充满黑白明暗不断变化的生动魅力。此种服装因为是包裹形，还可因穿法和系法的不同而使外形产生变化。成衣本身无形，随身体结构自然造型。

◀古罗马穿爱奥尼亚式服饰的女子

古希腊的基本服饰叫基同（Chiton），
是男女皆穿的服装；女性穿的长至脚
踝，男性穿的短至膝盖上下。克拉米斯
（Chlamys）是一种男用斗篷，穿着时将毛
织品衣料披在左肩，四角吊有铅物，以免被
风吹动。这种服饰轻巧、实用，便于男子外
出旅行、骑马打仗等，可以增添男子的英勇
威武气概，因而一直被后世沿用。

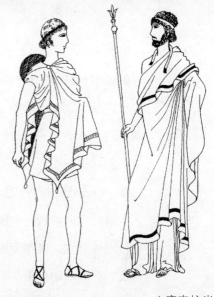

▲穿克拉米斯斗
篷的男子和穿希
玛申的执政官

古希腊文化艺术的成就，是有其社会历史根源的。这一时期的希
腊有很多城邦小国，国与国之间不仅有政治经济、思想文化上的交流
和竞争，在政治、军事上也争斗不断。就像同一时期的中国，列国争
霸，百家争鸣，使得文化和思想相当活跃。鲁国史书《春秋》记载了
从公元前8世纪到公元前5世纪的历史，前后经历了300多年，这
一时期因而被称为"春秋"。约从公元前475年开始，逐渐形成了战
国七雄的局面，直到公元前221年秦统一中国。这一时期思想文化的
活跃带动了服饰的创新。例如，
以墨翟为代表的墨家，提倡
"节用"、"尚用"，反对过分豪
华；法家韩非子则在否定天命
鬼神的同时，提倡服装要"崇
尚自然，反对修饰"。近年来湖
南长沙出土的战国楚墓中的彩
绘木俑，便是当时所谓"绕衿
谓裙"的典型代表。"绕衿谓
裙"指沿宽边将前襟向后身缠
绕的肥大衣服，它采取了横线

▲春秋战国时期的服饰

▲曲裾深衣又名绕衿谓裙

与斜线相互搭配的空间互补，使得静中有动，动中有静。特别是制衣过程中采用软硬相悖的工艺效果，更实现了今天服饰中的实用美和艺术美的巧妙结合——当时贵族制衣用料轻薄，为防止薄衣缠身，采用平挺的锦类织物沿边，边上再饰以云纹图案。战国时男子着装衣长不过膝，以连续的矩纹和条纹作装饰。

通过对古希腊与中国同一历史时期服饰艺术的比较，春秋服装更趋于理性之美，古希腊服饰更趋于感性之美，恰恰与彼此的哲学思想相反，即春秋时期哲学充满感性，而希腊偏于理性。从孔子对家居服装的实用浪漫主义风格到希腊女性的战斗服，希腊的理性执着战胜了情感的温暖，以至于持续的争霸战争催毁了文化的延续，就如催毁母性的本能一样，使之文明不再延续辉煌。

一种趋于饰品和服装之间的"佩普鲁斯服"，它与前述"基同"、"希玛申"有所不同，是古希腊女性、奴隶斯巴达所穿的室外战斗服。

月亮神或从事竞技的少女穿露出左乳以及双臂和大腿的"佩普鲁斯服"，轻快而褶纹细长的服装，显示出青春的健康美。健康的身体和精神即美与智是斯巴达训练的素质。据说女战士在战斗和狩猎活动中，她们的乳房高耸妨碍射箭，所以宁可割掉右乳，用左乳哺育孩子。"佩普鲁斯服"只需将一块羊毛布料披在身上，然后用夹子夹在肩处（可随需要左右移动披布，产生不同的造型），其中一边的腕部开衩便于活动，有时也当头巾翻盖在头部，用一条带子紧扎在腰部，收紧的腰部会使布料自然成褶，错落有致，富有装饰感。

▲穿希玛申的女子

▲穿爱奥尼亚式基同的女子

#### 4. 人体外环境：古老的服装形制——袍与裘

袍服属汉族服装古制。有表无里的衣叫"单衣"；有表有里的叫"复衣"，即今天的夹衣，也叫袍，其款式有交领、宽袖和窄袖。秦朝时期，男子以袍为贵。秦始皇在位时规定：官至三品以上者，绿袍，深衣；庶人白袍，都以绢做。汉代四百年中，一直以袍为礼服，样式以大袖为多，袖口部分收缩紧小，称为"祛"，全袖称为"袂"，因而宽大衣袖常被夸张为"张袂成荫"；领口、袖口处绣菱纹或方格纹等，大襟斜领，衣襟开得很低，露出内衣；袍服下摆绣饰边缘或打一密裥或剪成月牙状弯曲，而分成曲裾袍和直裾袍。曲裾袍是战国深衣式，西汉早期多见，东汉时渐少。直裾袍在西汉时出现，东汉时盛行，一般不能作正式礼服。

隋唐时，士庶、官宦男子普遍穿着团领袍衫，当时为常服；武则天时，赐文武官袍服上绣对狮、麒麟、对虎、豹、雁等动物或神禽异兽纹饰（此举导致了明清官补的风行）。元代蒙古族男子以袍服为主，女子以左衽窄袖大袍为主。清朝男子有箭袍，贵族女子兴旗袍。经历了民国的新旧替代，袍服不断演变，改良旗袍发展成为今天的礼仪服装。

从原始时代穿皮演变到殷周穿布帛，经历了一个较长的历史时期。毛和皮出自动物之身，与人类的关系历史悠久，其根本的原因是人类对自然物质产生感性认识，由被动适应自然改为主动地用一定的手段改造自然。毛皮是人类最先用以改造成围披护体的材质，但真正的制革，历史记载始于西周，而且有了专门管理皮革的官吏。

甲骨文"裘"字为象形字，学者们认为是"裘字初形"。从象形文字可以窥出当时将兽皮剪裁缝制成直领右衽，适合人体着衣的形状。《说文解字》记载："古者衣裘，故以毛为表。"由于裘毛在外穿，容易磨损剥落，为爱惜其毛色，后来渐变为加穿外套，但又怕美丽贵重的裘衣被遮，无法炫耀其人的富贵，又演变为袒开外套露出裘面的穿法，或把皮面外露反穿的穿法。魏文侯出游，见路人把皮衣皮面朝外挑担子，便问说："何不反面穿？"挑担人答道："为了保护毛。"魏文侯笑说："皮之不存，毛将焉附？"该句成为千古名句，除了具讽刺意味，更说明了当时裘的珍贵。

能说明裘之珍贵的还有一个小故事：《史记·孟尝君传》记载，四君子之一孟尝君到秦国游说，秦昭王发现他是个人才，封为宰相，因此引起秦国官员的不满和妒嫉。在官员的挑唆下，孟尝君一夜之间变成囚徒。孟尝君知情后很惊愕，他抓住秦昭王耳根软、有个宠妃叫幸姬、贪财的弱点，买通官吏，先向那个宠妃说情，以白狐裘作诱饵，

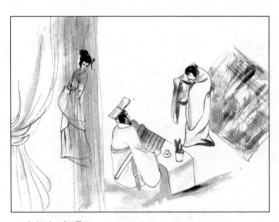

▲幸姬与秦昭王

宠妃贪图名贵的白狐裘，满口答应向昭王劝说；与此同时孟尝君又派门客去宫中盗出昭王的白狐裘，转献给那个宠妃。这套计策完成后，孟尝君果然被释放，逃出秦国。看今天裘价的昂贵、人们珍爱的程度，便可知它自古及今的影响。（注：秦昭王就是电视剧《芈月传》中芈月即宣太后的儿子）

### 5. "易"与"一"在中国帝王服装中的体现

"冕服"是象征中国帝王身份的服装。这种体现贵族阶层身份的服饰制度，大约出现在夏商之后，直到西周时期才逐步完善。

《世本》一书云："黄帝造冕垂旒。"又云："胡曹作冕。"胡曹为黄帝之臣，大概相当于现在的纺织部长。传说中，冕服在黄帝时期已形成，对服饰的制造机制也做了相应的设置和安排。西周文献《毛公鼎铭文》中，已经了"玄衣"、"裳"、"赤市"等的记述。这里的"玄衣"

是指冕服中的黑色上衣；"裳"即冕服中的下装（裙子）；"赤市"则相当于以后的"蔽膝"，即冕服前身腰下所系的带子。从《周礼》的记载可知，西周有制衣官史"节服氏"的设置，又设"司服"、"司裘"等官职，更说明冕服制度在西周时期已经比较完备。

秦始皇时废六冕（六冕即大裘冕、衮冕、鷩冕、毳冕、绨冕、玄冕）之制，只保存了玄冕，在祭祀典礼上用于最轻的小祀。秦始皇取消礼学，实行"袀玄"，即上下衣裳皆为黑色。

到后汉明帝，才决定复古制，因之当时有说"显宗……初服旒冕，衣裳文章，赤舄绚履，以祀天地"。明帝永平二年，皇帝的冕服备绣纹：日月星辰等十二章图案，衣服的颜色为上玄（黑色）下纁（赤黄色）；皇帝的玄衣上绘有日、月、星辰、山、龙、华虫，宗彝；火八章；赤黄下裳上绣有水藻、粉米、黼、黻四章冕广七寸，长一尺二寸，前圆后方上玄黑朱绿，系白玉珠子十二旒，前垂四寸，后垂三寸；冕板宽八寸，长一尺六寸，后仰前俯。三公诸侯用山、龙等纹样九章，冕旒七条，用青玉珠。九卿以下用华虫等七种图案，冕旒五条，用青玉珠。这些数字来源于《易经》的天文数理，十二数是十二地支，两两相对的数字是龙马河图上的数字在服装上的形象"象数"，也是《易经》在生活中的演化与运用。虽然历经世代的流传繁衍，很多文化的印记变了样，但是已经深入华夏民族的血脉中……

魏晋二代沿袭汉制，唐代画家阎立本的《历代帝王图》中将晋以前的帝王冕旒都加于通天冠上。南北朝时期有较特殊的演变，如南齐明帝服章改织为绘，并加饰金银。梁武帝天监七年（508 年），天子冕服绘饰凤为华虫，华虫即凤。三公衣裳增列圆花。北周宣帝传位于皇太子，自称天元皇帝，把冕旒之数加到二十四旒，前后共四十八旒，其服制之繁缛为历代少见；并首创重章之法，即同一章纹并列多图，皇帝冕服上的纹章多达一百一十一幅图，服章的颜色为山龙纯青、华虫纯黄、宗彝纯黑、藻纯白、火纯赤，不像其他朝代颜色五彩交错。此服章的颜色分别对应五行之色，对应《易经》后天八卦图，正所谓"青龙、白虎、朱雀、玄武、勾陈"五种动物。所谓这些象形图像在服装上的堆叠完全出于高贵、尊严的心理表达，也变向地表达了人民对帝王、帝王对自己需要严于律己的期望。到后来《易经》在服装上所要表达的宇宙生命观，完全在应景生活中变了样，成了封建残余的累缀。

隋炀帝大业二年（607 年），增加日、月于左右两肩，星辰置于后领下方，寓意天子肩挑日、月，背负七星。唐高祖武德四年（621 年），颁布冠服制度：唯衮冕十二章，八章在上衣，四章在下裳。宋朝帝王冕服共十二章，衣七裳五，用五彩圆花衬托。金朝袭重章之法更胜，冕服上纹章多达三百三十一幅图。蒙古人入主中原，冠服制度大致采用中土格局，服章仿效金制，纹章有三百零五个，另有帝星（北极星）一个。

明太祖洪武二十六年（1393 年），更定冕服制度，天子到世子都有冕服，仅章数不等，余臣无冕服。成祖永乐三年（1405 年），皇帝冕服十二章中，日、月在肩，星辰山在背，火、华虫、宗彝在袖，余下的都在裳且各两个。

清朝入关后，冠服规模实行新制，衣分端罩、袍、褂，冠则植顶缀纬，衮服用石青色，服章绣五爪金龙四团，两肩前后各一，左日右月，前后万寿篆文，间以云纹穿插，十二服章布局改变并缩小，起到点缀作用。另有冬夏朝服用黄色，朝日用红色，夕月用白色。袖端及衽正龙各一个，腰部行龙五个，襞积前后团龙各九个，裳有正龙二个、行龙四个，披肩行龙二个，衣身前后散饰十二章图案，间以五色云彩穿

▲ 黄帝造冕垂旒

插，下服绣饰八宝及平纹。

至中华民国废止冕服制度，但袁世凯复辟时，曾预制冕冠一顶（现藏国家博物馆）。冕服制度，产生于古人信天命、对看不见的事物表示尊重的特定时期。随着时间的推移和社会经济、科技的发展，人们所追求的服装款式越来越简洁。属于民族文化传统的精华、历史进程中的文化精髓基因需要保留和发展，而不能将其堆积于服装的表面形式上。

# 四、阴阳往复

人体和宇宙中的阴阳平衡是相对的。即使在宇宙大爆炸之前的太虚——虚空中的多层世界，也还是有阴阳能量的，而在那个空间也有微弱相对的阳强阴弱或阴强阳弱的现象产生。这种相对应出现的"引力波"是否会穿透、进入一层层天际维度而行使阴性作为或阳性能量作为？

让我们从阴阳之分再次进入人体生命科学……

## 1.异性相吸的奥秘

在动物、植物等各种生命体中，有一个最普遍而又最神秘的现象，即男女、雌雄相互吸引和交配。植物虽然不能移动，但是花草也要自射芳香，引诱蜂蝶代为传粉。为什么异性之间会相互吸引？这也是阴阳两种物质能量互根互存的驱使。

其实，每一个人的生命体都是由阴阳两种能量组合而成的，这符合阴阳互根的原理。对于男性来说，其身体中的阳性能量占51%，49% 是阴性能量；如果是女性，身体中会有 51% 的阴性能量，有49% 的阳性能量。在每一个人体中，几乎都有一半的能量在沉睡。因此，每个人都会不停地寻找另外那 49% 的能量，来填补这 49% 的空虚。由此就产生了异性相吸，进而产生了爱情和性欲。

天与地也是阴阳组合的相对生命，地水蒸发升于天空，天空下雨落于地上，这是天地阴阳沟通和阴阳协调的一种方式。如果长期不下雨，地面干裂、空气干燥，万物都会生病，这就是天地阴阳不协调、失衡导致的。男女异性之间如果缺少交往和性爱，就会产生莫名的躁动不安，众生凡夫皆是如此。世上只有一种人不会向外追求这种能量的协调，那就是开悟的圣人。

开悟者并非不需要那另一半的能量，只是，他们知道自我本身就是阴阳合和而成的，并不需要向外寻找另一半异性能量，只要回归到本性，自身就是最完美的阴阳合体。但是，迷惑的众生却不知道自己本身即是阴阳合和之体，只从表象上看到了男女、雌雄之别。其实，众生看到的表象都是阳性的一面，因为精卵都是基本粒子组合而成的阳性物质，无论男女都属于以阳为主的生命，区别只是阳中之阳（男、雄）和阳中之阴（女、雌）而已。通过结婚配偶，男女、雌雄生活在一起，表面上找到了另一半异性能量，但是，为什么他们还是永不满足呢？其根本原因就在于，他（她）们并没有找到真正的另一半"阳中之阴"和"阴中之阳"的能量。所以，那种交合的满足只是暂时的、生理上的。众生在没有真正找到自身另一半能量之前，心理上总是偏在阴阳两边，必然会去寻找另一半，也必然被另一半能量所吸引。人们不明白生命的真相，在这种异性能量的吸引下，总希望以淫欲来填补那无底的空虚和寂寞，才使得人的淫欲心理越来越盛。但是，人们却不知道，淫欲乃生死之门。有淫必有生，有生就有死……

### 2. 十二生肖两两相对的阴阳互补关系

"道"是天尊对人间最慈悲的叮咛……

阴阳互补用于人体生命就是平衡气场、上下交流的"良药"。我们取象比类，用于外在，学习动物的特性，以取长补短——展开思维，每一种动物都有一项特点，如狗的嗅觉比人灵敏。我们人类修炼天耳通、天眼通、天鼻通……是否可以比对动物研究我们自己，真正为人类自身造福？这里我们将十二生肖两两相对的阴阳互补关系做一比较。

　　第一组是鼠和牛。鼠代表智慧，牛代表勤劳。两者一定要紧密地结合在一起，如果只有智慧而不勤劳，就只能是小聪明；光是勤劳而不动脑筋，就变成了愚蠢。所以两者一定要结合，这是我们祖先对中国人的第一组期望和要求，也是最重要的一组。

　　第二组是老虎和兔子。老虎代表勇猛，兔子代表谨慎。两者紧密地结合在一起，才能做到大胆心细。如果勇猛离开了谨慎，就变成了鲁莽，而一味地谨慎就变成了胆怯。这一组也很重要，所以放在第二位。

　　第三组是龙和蛇。龙代表刚猛，蛇代表柔韧。所谓刚者易折，太刚了容易折断，但是如果只有柔的一面，就容易失去主见，所以刚柔并济是我们历代的祖训。

　　第四组是马和羊。马代表一往无前，直奔目标，羊代表和顺。如果一个人只顾自己直奔目标，不顾周围，必然会和周围不断磕碰，最后不见得能达到目标。但是一个人如果光顾着与周围和顺，之后他连方向都没有了，目标也就失去了。所以一往无前的秉性一定要与和顺紧紧结合在一起。

　　第五组是猴子和鸡。猴子代表灵活，鸡定时打鸣，代表恒定。灵活和恒定一定要紧紧结合起来。如果你光灵活，没有恒定，再好的政策最后也得不到收获。但如果说你光是恒定，一潭死水、一块铁板，也是不行的。只有它们非常圆融地结合在一起，才能一方面具有稳定性，保持整体的和谐和秩序，另一方面又能不断变通地前进。

最后是狗和猪。狗代表忠诚，猪代表随和。一个人如果太忠诚，不懂得随和，就会排斥他人。反过来，一个人太随和，没有忠诚，这个人就会失去原则。所以无论是对一个民族国家的忠诚、对团队的忠诚还是对自己理想的忠诚，一定要与随和紧紧结合在一起，这样才能真正保持内心深处的忠诚。这就是我们中国人一直坚持的外圆内方、君子和而不同的信条。

中国人每个人都有属于自己的生肖，有的人属猪，有的人属狗……意义何在？实际上，我们的祖先期望我们要圆融，不能偏颇，要求我们懂得从对应面切入。比如属猪的人能够在他的随和本性中，也去追求忠诚；而属狗的人则在忠诚的本性中，去做到随和。

## 五、历史回溯催眠——中西文化灵魂对比

众所周知，每个朝代的服装都有它的鲜明特色，并有其深刻的内涵，但也不乏互融之处。服装的式样在不断的交错更替中向前推进。中西方服装虽在特色上相距较远，但东西方文化的相互影响伴着时代的进步走到了服装工业化的大繁荣时代，各方面的差距虽有，但全世界共同追求美好的发展目标是相同的，信息和潮流也渐渐相通。本节着重结合中西，穿插着谈古论今，目的是为了更好地突出各朝服装的特点，了解今天服装式样的由来。

公元前 770 年到公元前 476 年正是春秋时期，这时的男女已经受周礼影响，男子读书尚文，女子奉茶主内。

服饰：绕襟深衣（又名曲裾），即前襟增长向后绕围，腰上系带。由于衣料较薄，为了防止薄衣缠身，用平挺的锦缎沿边，软硬相悖构成横线与斜线搭配的空间互补。

美术：奠定了线描、散点透视、贵在精神的中国画风格。

家居：软的布艺和硬木家居相配，简单的造型风格，简单的发型，以及叠加的大小方形构成空间距离变换，让舒适的生活情趣一览无余。

同一时期的古希腊虽然分为许多小城邦，并各有一些方言，却有共同的语言文字、共同的神话宗教信仰和风俗习惯。各城邦既有激烈的斗争，又有统一和交流。当强大异族入侵的时候，全希腊人联合反抗，反而振兴起平时涣散的希腊精神，也给文化艺术注入了新的生命。

希腊人在迎神游行时可以裸体而舞，战斗和竞技时更是不穿衣服。公元前5世纪至前4世纪中叶，希腊处于蓬勃发展时期，人们用一种坦荡无邪的态度对待裸体形象，给人健康纯洁之美，这是后人无法做到的。对比古代的中国，习俗与心理习惯大为不同。

▲绕襟深衣，
也叫曲裾袍

英国考古学家伊万斯自1900年在希腊南部的克里特岛上的考古研究，把欧洲的青铜时代又前推了一千多年。也就是说，当埃及古王朝开始的时候（公元前3000年），克里特人也从石器时代转为金属时代，开始了文明的历史。

在希腊神话传说中，克里特岛上有个米诺斯王国，后来考古学家伊万斯果然在岛上发掘出一片面积达16000平方米的"迷宫"或称"斧形宫"的废址。这座宫殿厅堂复杂、回廊曲折，初建于公元前2000年，中间曾经毁败，约于公元前1700年再建。这一时期正是克里特岛的盛期。这样人们只能把神话中的米诺斯王朝看作实有其事，而称这一时期的文化为"米诺斯文化"。米诺安中期已建成以宫殿为中心的奴隶制社会，在这个社会，建筑物中没有大的城堡工事，艺术品中没有战争的描写，连祭祀的活动也在宫殿和居室中进行。荷马在《奥德赛》中赞美过克里特的富庶繁华，说它在"酒绿色的海中央，美丽又富裕，居民稠密，九十个城市林立岛上……"

　　克里特妇女的地位很高，执行宗教仪式的祭司是妇女，供奉的神像是一个双手握小蛇的女神，她双乳袒露，短袖束腰，层叠的长裙像伞一样张开，几乎和18世纪法国宫廷里那些终日欢宴、舞蹈的贵妇没有区别。美术史家索性把克诺萨斯壁画中的一个穿敞领花衬衣的卷发女青年像命名为"巴黎少女"，因为她看起来很摩登。现代最摩登的女装是从约公元前2000年前的克里特岛人的服装演变而来的，所谓"皮紧身裙"就是一件极短的外套用带扎紧。克里特岛的男人也穿很小的上衣，并都穿围腰布，其上是褶叠式短裙。

◀克里特岛上的巴黎少女
克里特岛壁画中的男子▶

　　克里特岛人从小就用金属带勒住腰身，以保持纤纤细腰。苗条而修长的体形是克里特人的审美标准。香水在几千年前的克里特岛上就很流行。

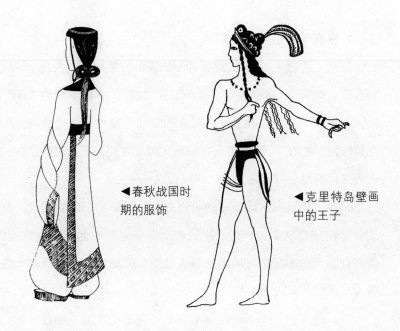

◄春秋战国时
期的服饰

◄克里特岛壁画
中的王子

克里特岛上的米诺斯王朝，因疏于防御，后来被强敌入侵，只得逃往他乡或束手就擒，而被其他王国代替——其时间约在公元前 13 世纪。

## 六、中国的深衣和埃及卷衣的社会心理和人文心态

简单即是"禅"，在那个文明与"落后"交互年代，落后代表的是纯真和朴实。

何为易？甲骨文上为日，下为月，即日月为易——简易、不易、变易，三个基本概念。

在中国，男性象征天，女性象征地，男女服饰有别，所谓文明似乎在此时是蛮荒和进步的分野。

在埃及，女性象征天，男性象征地，男女均穿卷衣。

[作者注：深衣，上衣长 2 尺 2 寸（汉朝时 1 尺合 23 厘米或今天的 0.66 尺），一般长短按人体裁制，袖长约 4 尺 2 寸，可以反折到肘部。]

### 1. 深衣与易学天干地支

根据《礼记·玉藻》，深衣袖圆如规，衣领如矩，衣背上下纵贯的缝线称"绳"，衣裳自腰到下摆渐宽称"权"，下摆平稳称"衡"；规、矩、绳、权、衡是深衣五法。深衣的领袖下摆均有缘边装饰，用刺绣作装饰为"礼服"。这种宽大衣服既保暖又方便，男女贵贱都穿，当时士大夫称赞说：故可以为文，可以会武……

深衣，是我国古代最早的服饰之一，最早始于伏羲时代。此服饰的形制和社会规则，一直沿用伏羲女娲交尾图中他们分别拿的规矩。伏羲女娲手里的规矩是用来测量天地的，即测量日月星辰和大地，映照人文。

▲伏羲女娲交尾图

人面蛇身，下半身的蛇尾交缠在一起，这是在说人类的生殖，还是在说人类无法摆脱的动物性？他们高举着规和矩，是在规范人类社会的秩序，还是宣示一种人类不可抗拒的宇宙力量？

伏羲左手执矩（有墨斗），女娲右手执规。二人上方有象征太阳的一周画圆圈的圆轮，尾下是象征月亮的一周画圆圈的半月，画面四周画象征星辰、以线连接的圆圈。我国古代有"天圆地方"之说，女娲执规象征天，伏羲执矩象征地，以此告诉我们天道和人道的基本规律，而我们还有内在提升螺旋上升的基因，天人合一不是梦……

《淮南子·本经训》云："天地之大，可以矩表识也；星月之行，可以历推得也。"天地之大，可以用矩尺和圭表来测量；星球月亮的运行，可以用历法来推算！

事实上中国远古伏羲女娲进行天文大地测量、映射社会人文的精华思想，一直影响着华夏文化，以至于深入华夏民族基因中，流传并使用，从伏羲女娲时代到大禹时代的竖亥和太章，再到唐代的僧一行。这也解释了《山海经》里为何说"竖亥右手把算，左手指青丘北"。

郑玄注《礼记·深衣》说："深衣者，谓连衣裳而纯之采也。"深衣与今天的连衣裙结构相似，上衣下裙，与腰节缝为一体，袖、领、下裾用其他面料或刺绣组成。深衣的下裙由十二幅组成，十二幅即寓意一年有十二个月。

公元前221年，秦灭六国，从此我国的封建王朝开始，到公元202年东汉灭亡，前后共经历了四百余年。在这一历史时期，世界上仅有埃及、古巴比伦、印度与中国具有古老的丰富的文化，但在艺术风格上却各有千秋。

战国、秦汉之际的袍服"绕襟深衣"，有交领右衽直裾的"襜褕"以及交领曲裾袍，前襟增长向身后包裹的绕襟衣与埃及的包裹式围裙有异曲同工之妙。庶民穿着的"襜褕"在秦末汉初不是正式礼服。"襜褕"或称"禅襦"，士大夫阶层用作家居便服。由于当时还没有发明有裆的裤子，人们穿着这种简单"禅襦"，或坐或行礼弯腰，不小心会暴露隐蔽私处。当年武安侯着襜褕入宫面君，就被认为对天子不敬。而绕襟衣穿着时左边的大襟向右边掩盖，呈三角形的襟衽继续向身后包缠，绕襟层次分明，腰身裹得很紧，衣襟角处缝一根绸带系在腰与臀之间，而无隐秘暴露之顾忌，所以绕襟深衣也是当年汉民族社会人与人之间沟通心理和地位的反映。

▲男士绕襟深衣

### 2. 埃及的卷衣

尽管埃及、古巴比伦先后被波斯帝国征服，但不管被谁统治，换了什么名号，随着历史的沿革，他们用服饰语言、不朽的金字塔代言，让古老的文明进入现代科技文明。

公元前 332 年的埃及，当筒形长衣出现时，带褶裥的包裹式围裙也逐渐增多。包裹式围裙用料很多，是上层社会的服饰。繁多的褶裥形成了丰富的立体层次与明暗效果，埃及人以之显示地位和个人魅力。

当近东进入农耕时代时（新石器时代），欧洲还滞留在旧石器时代。近东诸国文明相互影响，在埃及，女性象征天，男性象征地，男女均穿卷衣，颜色多为白色。卷衣是用布绕缠遮身，不须缝纫的羊毛料卷衣也叫"希玛申"，是贫穷的奴隶和生活俭朴的哲学家所穿的常服，已婚妇女穿时必须连头也包起来，颜色有黑、紫、深红三色，上面有刺绣。至今阿拉伯人仍经常穿白色卷衣。

在中国，男性象征天，女性象征地，男女服饰有别。所谓文明在此时似乎是蛮荒和进步的分野。

▲古埃及多褶裥的包裹式围裙

# 第三章　外环境之生活比较学

日出东南隅，照我秦氏楼。秦氏有好女，自名为罗敷。罗敷喜蚕桑，采桑城南隅。青丝为笼系，桂枝为笼钩。头上倭堕髻，耳中明月珠。缃绮为下裙，紫绮为上襦。行者见罗敷，下担捋髭须。少年见罗敷，脱帽著帩头。耕者忘其犁，锄者忘其锄。来归相怨怒，但坐观罗敷。

使君从南来，五马立踟蹰。使君遣吏往，问是谁家姝？"秦氏有好女，自名为罗敷。""罗敷年几何？""二十尚不足，十五颇有余。"使君谢罗敷："宁可共载不？"罗敷前置辞："使君一何愚！使君自有妇，罗敷自有夫。"

——《陌上桑》

"湘（浅黄色）绮为下裙，紫绮为上襦。"这寥寥的十个字，栩栩如生地描绘出了采桑女着衣的面料、色彩、款式，可谓诗之贵在字句精练，用语斟酌表其禅境。

## 一、秦汉和巴比伦

### 1. 张袂成荫：老庄思想融进生活

秦朝男子以袍为贵，秦始皇在位时规定，官至三品以上的人穿绿袍深衣，平民穿白袍。秦朝采用法家思想为政策导向，严厉的等级制度和人人自危的互相监视做法，让秦政权少了亲和力和温暖，由上至下一幅冰冷的画面，短短十几年朝代气数已尽。

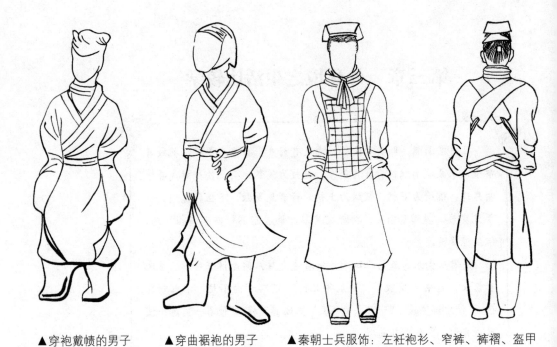

▲穿袍戴帻的男子　　　▲穿曲裾袍的男子　　　▲秦朝士兵服饰：左衽袍衫、窄裤、裤褶、盔甲

汉朝一直以袍作礼服，样式多为袖子肥大，袖口收缩紧小，古称祛，全袖称为袂，由宽大衣袖引申出"张袂成荫"这一成语。

秦汉时期，为了便于劳作，劳动者多穿大襟短衣和长裤。劳动女子多穿短襦，下穿长裙，臀腰之间有装饰腰带长垂，古诗《陌上桑》记载了采桑罗敷的装扮，也道出了美丽的女子人人爱，有德的女子知道天地君亲的本位和家庭能量在社会生活中的禅道。汉朝的休养生息政策让老庄思想大行其道，进而巩固了汉代几百年的基业。

### 2. 巴比伦的流苏生活

巴比伦位于美索不达米亚平原，古希腊语意为"两条河中间的地方"，故又称为两河流域。当时这一区域的男服主要形式仍是包裹形的袍服"坎迪斯"（Kandys），服装的材料是羊毛和亚麻布。由于当时的织物纺织得很粗糙，留有毛边，为了使其结实，人们把毛边一缕缕结起来，或结成网状，形成自然的流苏，它们是当今流苏穗式的起源。服装宽大悬垂，形成参差不齐、错落有致的层次。袍服里面穿紧身长衫，长衫的边缘有刺绣花纹，下摆有流苏饰物，腰间束上讲究的宽腰带，有威武挺拔的阳刚之美。

▲北欧日耳曼人，穿亚麻布和羊毛织物裙子，戴青铜装饰品

## 二、追求心灵的脱俗：魏晋南北朝与西方中世纪

愤世嫉俗，寻求心灵的超脱，以傲世为荣，来抒发心中的不得志。这样的社会环境，表现在服装上是宽衣博带、袒胸露背，有一种今朝有酒今朝醉的飘忽欲仙的浪漫感觉。这时候社会上流行儒家和老庄思想并用。

### 1. 动荡时代的心理和艺术

从公元 220 年到公元 589 年，中国经历了 369 年的社会动荡局面。先是三国鼎立之势，后来司马炎代魏建晋，而后司马睿在南方建立偏安王朝东晋，再后是南方的宋、齐、梁、陈四朝即南朝，北方的北齐、北周等统称北朝。如此复杂动荡的社会局面，使当时的社会经济遭到相当程度的破坏，但也加强了南北民族间文化的交流与融合。

魏晋时期朝服规定用朱色，常服用紫色。《三国志·吴志·吕蒙传》

▲魏晋时期女子服饰

▲ 晋顾恺之《女史箴图卷》服饰

▲ 魏晋南北朝时女子大袖衫

记载："使白衣摇橹，作商贾人服。"故知当时白色为平民服色。

　　文人墨客在政治混乱之时，多叹"国之有乱，匹夫有责"，但却很难形成军事气候，愤世嫉俗以寻求心灵的超脱，以傲世为荣，来抒发心中的不得志。这样的社会环境，表现在服装上是宽衣博带、袒胸露背，有一种今朝有酒今朝醉的飘忽欲仙的浪漫感觉。这时候社会上流行儒家和老庄思想并用。

　　这个时期的西方同样处于社会动荡的大变革时代。公元 4 世纪末，罗马分裂为东西两帝国。以君士坦丁堡为中心的东罗马帝国延续到公元 15 世纪，这一千多年史称"拜占庭时期"。这段时间西方崇奉基督教，并吸收了东方的阿拉伯伊斯兰文化，表现在艺术上的是公元 6 世纪初在君士坦丁堡兴建的索菲亚大教堂，它曾被人誉之为"东方与西方，过去与未来的结合"。绘画艺术的代表是帝国皇帝查士丁尼的皇后西奥朵拉手捧宝盒的画像，它充分吸收了东方艺术中重象征和装饰的手法，金色的底子上，在大块黑白中夹以鲜艳的颜色，造成威严辉煌的效果，这种表现手法更合乎宗教思想的要求。

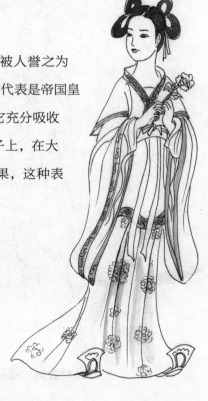

▲魏晋服装

◀公元1至6世纪的
北欧女子服饰

◀公元5世纪
拜占庭王后

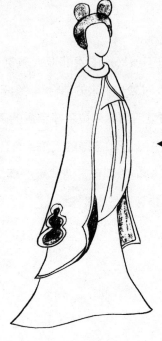

北魏穿斗篷套装的女子▶

北魏穿褡裤的侍者▶

## 2. 此朝彼国的服装生活

千里莺啼绿映红，水村山郭酒旗风。

南朝四百八十寺，多少楼台烟雨中。

——杜牧 《江南春》

南朝遗留下来的许许多多佛教建筑在春风春雨中若隐若现，更增添扑朔迷离之美。

南朝统治者信佛，劳民伤财，修建了大量寺庙，如今"南朝四百八十寺"都已成为历史的遗物，成为江南美妙风景的组成部分了。此诗在意境审美之中不乏讽刺，诗的内涵也更显丰富。

当时佛教盛行，在服务于宗教的敦煌石窟壁画中，有多少对世俗生活的赞颂。随着佛教的兴起，莲花、忍冬等装饰图案大量地出现在衣料和衣服的边缘上，加之丝绸之路上各国贸易往来活跃，大大丰富了我国民族图案式样。魏晋的鸟兽纹饰等织锦图案，就直接吸收了波斯文化的民族特色。

### 3.哭泣的罗马和丝绸之路

中世纪文明的最大特点就是它的宗教性质。宗教文化对东罗马帝国的影响体现在服装方面是：产生了僧侣式服——达尔马提克"T"字形服装，其风格有点像今日的蝙蝠衫，袖隆口和袖口大而宽。这种样式宽肥的长衫，无论男女，皇帝、贫民都穿，只是女子穿长至足踝的，男子穿长至膝下的，里面再穿长裤。这是从东方传来的长裤式样，以至后来男子的上衣逐渐变短。这种服装盖住全身，正相应了当时宗教的禁欲主义。此时，史书上称，宗教统治的黑色时期开始了。

▲拜占庭式达尔马提服

▲穿白色束腰长衫、紫色斗篷、桃色长筒靴的6世纪皇帝

我国魏晋时期流行的斗篷，在西方拜占庭时期被称为"帕卢达曼托姆"，是当时的主要服装，所以甚是奢华。斗篷上有时在边缘刺绣纹饰；有时在两对襟处分别绣上菱形、四边形装饰图案；有时绣族徽，一般在金色质底上用红线刺绣，国王则在紫色的底子上用金线刺绣。斗篷的形状呈梯形或半圆形，主要受希腊、罗马早期服装影响，又受东方精致纹样的渗透。其斗篷面料有缎、锦、金丝，因此，拜占庭时代被称为"奢华的时代"。这一时期佛教的兴起还在萌芽状态，人们还不知真正的佛意、佛义、佛理；只是在外在形式上敬佛、爱佛、谤佛……

**故事小语：** 哭泣的"丝绸之路"

汉代时期，中国丝绸就通过丝绸之路远销阿拉伯，传入欧洲，价格极其昂贵。有人说，西罗马帝国的灭亡，部分原因就是对丝绸的争夺。国库空虚，内讧加外侵，最终导致了西罗马的灭亡。

古罗马时期，东罗马皇帝查士丁尼为了打破位居东西方之间的波斯人高价垄断经营中国丝绸的局面，曾打算与埃塞俄比亚人联合，绕过波斯，从海上去印度购买丝绢，然后运到东罗马。然而，波斯人知道这个计划后，以武力威胁埃塞俄比亚，阻止他们充当罗马人的丝绸捎客。查士丁尼无奈，又请波斯的近邻突厥可汗帮忙，从中调解东罗马与波斯人的关系。不料波斯王不但不听调解，还毒杀了突厥可汗的使臣，使双方矛盾激化。东罗马联合突厥可汗于公元 571 年攻伐波斯，战争长达 20 年之久，未分胜负。这就是西方历史上著名的"丝绢之战"。

由于与波斯断绝了关系，罗马境内蚕丝奇缺，价格飞涨，丝织加工业几乎陷于停滞，查士丁尼急于设法在本国发展蚕桑养殖和种植。此时一名到过东方的传教士要求觐见查士丁尼，自称能搞到中国的蚕卵桑子。在皇帝的鼓励下，传教士不远万里来到东方（可能是新疆，又有说是中国内地），了解了蚕卵和桑种的生产方法，将蚕卵和桑子藏在空心竹杖之中，历时一年赶回罗马。他指导罗马人将桑种埋入地下，将蚕卵放在怀中，像孵小鸡一样孵化！结果当然是闹了一场大笑话。这个新闻传到了几个正在君士坦丁堡的印度僧人那里，于是他们来到王宫向查士丁尼说：我们在丝国"塞林达"（中国或者是西域的某个已经掌握了蚕桑养殖和种植的小国）住了很久，曾用心研究过蚕的繁殖饲养方法……查士丁尼答应事成之后定有重赏。这次印度僧人终于如期将蚕卵桑子和养殖、种植技术带回了君士坦丁堡并喂养繁殖成功。从此，拜占庭帝国有了自己的丝织业，摆脱了花巨资进口中国丝绸的窘境。欧洲各国的养蚕业也就从罗马逐渐传播开来了。

**站在魏晋南北朝肩上看罗马：上俭下丰，内外兼修**

魏晋南北朝时，我国北方的少数民族以游牧、狩猎为生，逐日骑马奔驰在旷野，弯弓搭箭，"裤褶、两裆"便是这一时期的典型服装。两裆几经演变，变成了今天的马甲。中原地区与北方民族在服装上互补，此时出现的新款服装采用上紧下宽的造型，被东晋学者干宝在《晋书》中称"上俭下丰"，是今天服装配搭协调美的基本造型。

入侵罗马之前被称为蛮族的日耳曼人，生活在气候寒冷的北欧。大约公元一至六世纪，北欧日耳曼人逐渐入侵罗马。他们的文化内涵比较简单，装饰比较粗糙，也承袭了部分罗马文化，尤为精通编织和染色。

▲现代两裆和裤裤

服装是气候、生活、社会背景下人们心理和生理需要的外显，禅应天时、自然、社会之象，在俗和雅中穿梭自如！生存环境所迫导致的内心恐惧，促使了华夏民族的交融与磨合，也使我们看到了所谓蛮族日耳曼人适应自然、接近自然的强大内心。从中国的角度往外看，内外兼修刚刚萌芽。


# 三、盛唐与西方——繁荣与衰弱

唐代是我国封建时期政治、经济、文化繁荣鼎盛的时期，盛唐更是成为亚洲各民族经济、文化交流的中心，服饰和工艺艺术灿烂辉煌，是中国文化史上最光辉的一页。经过了魏晋南北朝的混乱、分裂局面，各民族之间杂居融合，使唐服异彩斑斓，并远播日本、朝鲜、波斯等国。如果说殷商时期是服饰飞越的起点，赵武灵王的服装改革是第一次服饰飞跃的话，那么，唐朝服饰就是第二次大的飞跃，并可与现代时装相媲美。它给现代人一声惊叹、一种灵感、一番审视和回味，也为逐渐打破封建着装意识成功地引吭高歌了一番！

### 1. 唐朝追求现世的心灵自由

历史名画《簪花仕女图》反映了贞元年间宫廷贵妇在奢靡风气的指引下的闲情逸致和所过的浪漫时光。图中的袒胸、露肩、斜领、披纱、长裙曳地的着装形象，很好地描绘了在经济富足的环境下妇女们开放的服饰。这种服饰，一般是里衣上下相连，穿在胸上，用带在腋下紧扎，外披罗纱，显得上身短下身长，雍容华贵。

唐代还经常出现头戴幂篱、身着男装袍裤的女子与男人并肩骑马游春的摩登场面，这是唐代开放生活的典范。正因为在当时开放、富有以及外来文化的熏染下，具有反抗精神的妇女挣脱封建的桎梏，才出现唐三代后女主为王的武则天称帝创举。

人们的物质生活达到了一定高度之后，并会自然地追求精神的享受和心灵的自由。他们清楚佛教的来世之说，明了道教中神仙长寿之利和儒

▲《簪花仕女图》中的贵妇服饰

学之今生之明德的修为。可是当下的统治者不想要来世，因为他们认为看不到、摸不着，想要今生的长生不老、永享富贵，可是功课太难，做不到不死，做到长寿也难。儒家修行多在于约束市民凡夫，所以统治阶级把以往的佛学提升到今生的享乐上，为此下足了功夫。这时候石雕作为佛事精神象征的工艺品，敦煌莫高窟和洛阳龙门石窟造像艺术登峰造极，传说卢舍那大佛就是根据武则天的模样雕制的。

## 2. 公元 7 世纪沉睡的欧洲大陆

公元 6 世纪末 10 世纪初是兴盛的隋唐，而同一时期，西方则沉睡在它的基督教黑暗禁欲时代。

公元 7 世纪至 8 世纪，中国古代的艺术异彩纷呈。同是服务于宗教的敦煌石窟壁画，有多少对世俗的赞叹、对美好的追求！在乐廷环一家的供养像中，柔韧的线条描绘出体态丰腴的少妇，她们发髻蓬松、衣裙飘动，捧着鲜花和净瓶的侍女们，在蜂蝶环绕的花丛中穿行……把这些与同时期基督教世界的西方艺术相比，存在着天壤之别，不禁让人感叹历史发展的不平衡。但是，在 17 世纪的西方完成了文艺复兴的创举之后，西方文化艺术的繁荣与同时代的清朝的闭关自守、裹足不前相比让人垂泪。历史就这样反反复复、翻来覆去地跟人类开着大大小小的玩笑。

▲隋代仕女服装

▲唐代贵妇服装

▲唐代贵妇

▲公元9世纪内穿白考特、外穿
绿苏尔考特、披红披风的女子

▲唐代少数民族女子

分析东方古国唐朝兴盛和西方衰败的原因：欧洲北方的日耳曼等民族征服了西罗马之后，仍在躲避东方来的游牧民族的追逼，日耳曼及其他民族不断相互追逐。从公元 5 世纪以后的两三百年中，是动荡的民族迁移时期，也是封建割据局面形成的时期，这一时期的文化建设很少，更谈不上什么发展。到 8 世纪初，法兰克王国的查理曼大帝想恢复古罗马的壮业，可惜壮志未酬人先死，三个孙子各据一方，形成了后来法、德、意三国主

▲公元9世纪的国王

要的疆域。

历史上把公元 8 至 10 世纪的法兰克王国称为加洛林王朝。查理曼大帝是个崇尚文化且通情达理的人，虽然自己只懂日耳曼文和拉丁文，也不会写文章，但在他的倡导、统治下，落后的日耳曼民族开始用古罗马和基督教的文明来武装自己。

唐代女子服装没有矫揉造作的迹象，也没有故作矜持之态，充满朝气，又不失传统民族文化的精湛，同时讲究服饰的配套装扮，不管是横看竖看，随意搭配均感整体协调。当时服装设计中的深奥内涵，是很值得今天的服装设计人员去研究和借鉴的。唐朝是世界服饰史上的一个重要时期。

中世纪基督教文化中，西部的加洛林王朝和东部的拜占庭帝国属于两种类型，加洛林艺术更加粗糙简单。公元 8 世纪《福音书》手抄本上的一幅圣·路加的画像，反映出中世纪早期绘画在人物刻画上的幼稚状态，但也显示了独有的与拜占庭不同的民族民间风格；其画上女子的服饰具有中国的民族风味，并受古希腊瓶画、敦煌壁画的影响，可谓是中西结合的产物。

▲唐代舞女

◀中世纪罗马式时期穿布利奥特的男子和穿布利奥特和柯尔萨格的女子

# 四、保守与西方文艺复苏

## 1. 在《清明上河图》上泛舟哥特艺术

公元960年，后周大将赵匡胤发动陈桥兵变，建立宋朝，史称北宋。北宋末年，由于阶级矛盾和民族矛盾激化，相继爆发了农民起义。北方女真族利用宋朝的内部危机，于1127年攻下汴京。康王赵构在临安称帝，史称南宋。至此我国出现了宋金两个政权对立的局面。1279年，元统一中国。南北宋共执政320年。

公元960至1279年中国的宋朝，西方正处于罗马式时期和哥特式时期。

宋代服饰的丰实资料，要数张择端的《清明上河图》。画面上描绘了清明时的社会活动，真实地反映了当时社会各阶层人民的生活。

▲宋代女装背子

▲宋代女装

凉衫与紫衫式样相同，只是凉衫宽大些，并为白色。宋孝宗驾崩时，文武百官受命穿白凉衫、系黑带赴宫追悼。由于凉衫色白，所以后世只在吊丧时用，其他场合不许穿，否则视为不吉利。至今中国人在悼念亲人时还特定用白麻服、黑袖套。

罗马式时期和哥特式时期，是文艺复兴时的艺术家对中世纪艺术的总称。它们都是封建禁欲主义色彩下的比较粗糙的文化艺术，但其文化艺术形式仍有独特和杰出的地方。正像上节所说的查理曼大帝，人们已经开始了用古罗马和基督文明武装自己。公元12世纪，十字军东征，南意大利王罗哲尔二世俘虏了两千名丝织工人，把他们带回意大利去养蚕、缫丝、织绸。虽然这种手段很野蛮，但由于宫廷对此技术特别重视，使意大利的丝绸技术得以迅猛发展，并逐渐成为欧洲丝绸工业的中心。时至今日，意大利仍然是世界上丝绸印、染等技术最为先进的国家，远远领先于丝绸发源地的产丝大国——中国，这实在令人深思！

▲公元12—13世纪内穿考特、外穿苏尔考特男子　　▲公元13世纪穿棉布裙、披披肩的女子

**2. 从胸衣看东方和西方的生命观**

抹胸，主要指东方女子的内衣，其形似今日的胸罩。但在东方，抹胸的主要功能是把胸束缚住，使之扁平。早在古希腊时西方女子就以丰胸为美，妇女用毛织的窄带紧束托起前胸，用以美化胸部的造型。今天人们从公元前1400年西西里岛残存的古罗马时代的镶嵌壁画上，还能看到海水浴的泳装少女，后人称这种泳装为"比基尼"。"比基尼"泳装名称的由来，是五十多年前，美国在名不见经传的叫"比基尼"的小岛上进行原子弹试验，此后小岛开始举世瞩目。不久，法国巴黎服装设计师设计出一套新颖大胆的泳装，泳装很小，穿上近乎全裸，使巴黎很多模特望而生畏，然而一名舞女愿穿上此装，并公开让记者拍照。这件事在社会上引起的震动不亚于在比基尼岛上做原子弹试验，所以后人称此泳装为"比基尼"。

中国古代封建思想束缚人性美，妇女地位低下，往往用布条束偏胸部，那些窄布条称作"抹胸"。1902年，英国刊登女性专用胸衣广告；1914年，美国人玛丽·菲利浦·雅各布得到胸罩发明专利，她的产品是用两块手帕和粉红色丝带合起来制作的。从此，由于社会的日益开放和妇女参加社会活动的增加，戴胸罩便于劳动，于是流行开来。

### 3. 追求来世幸福的中世纪人们

这个时期（中世纪）的西方，仍受基督教的熏染，鄙视钱财，反对奢华，崇尚宗教教义，追求来世幸福。中世纪下层民众的服装以简洁、朴素为尚，常服只以白色肥大长衣和连袖外套为主，色彩强调素净淡雅；丧服则一反常态，色彩鲜艳，即使寡妇也要穿紫红色的长衣以示哀悼。

在西方，女子经常把多余的长裙在腹部提起，掖入腰内，前面堆褶使腹部凸起好像孕妇。据说，耶稣是未婚的玛利亚在牛棚里生的，玛利亚因圣灵受孕而怀基督，有孕的形象被视为美好，造成此款式的流行。

宋朝时期统治思想受程朱①为代表的理学思想影响，出现了一代理性之美，如建筑为白墙黑瓦或木质本色，绘画为水墨淡彩，陶瓷突出单色釉，服装也趋于拘谨、保守，色彩一反唐时的浓艳鲜亮，形成淡雅恬静之风。

宋朝流行"千褶裙"、"百迭裙"。宋时裙腰由唐代的腋下降至腰间，系上绸带并有绶环垂下，更显示出了人物细腰修长之美。

▲宗教禁欲时代，穿苏尔考特的女子以怀孕形象为荣

①　程朱理学即宋名士程颢、程颐、朱熹等人发展出来的儒家流派，有时简称理学，与心学相对。

### 4. 宋朝幻梦"千褶裙"

说起千褶、百迭裙的兴起，还要讲到《西京杂记·赵飞燕外传》中的赵飞燕。赵飞燕是汉成帝的宠妃，她身着云英紫裙，与皇帝同游太液池，鼓乐声起，她舞蹈于金莲花上。突然一阵大风把身轻如燕的她吹了起来，宫女们慌忙地拉着她的裙子，裙子被拉出了许多皱褶，有明暗层次感，比原来更好看。从此，打褶的裙子从宫中流传到民间，千褶、百迭由此而来。此裙式用料六幅、八幅，以至十二或三十幅，皱褶细密，多为

▲宋代罩外套、内穿千褶裙的仕女

歌舞女穿着，衬托舞者的风情逸致、轻柔飘洒。另有一种旋裙，是宋代女子骑驴出行时穿的，所以裙前后两边开衩，此裙先流行在京

▲公元13世纪，穿菱形纹样苏尔考特、灰披风的女子

▲宋代儿童

▲宋代背子服装

都妓女中，后影响到士庶人家中，再发展为前后相掩、以带束之的拖地长裙，又名"赶上裙"。不过此裙式并不普遍，当时认为此裙是奇装异服。

# 五、奇特与浪漫

### 1. 苍茫狼性与理想国的矫饰

公元 1206 年，成吉思汗建立蒙古帝国，此后长期战乱，纺织业、手工业遭到很大破坏。蒙古人喜欢白色，以白为洁。喜欢蓝、白颜色这与蒙古人的先祖在广阔的苍天下游牧有关。传说蒙古人的祖先是苍色狼和白色鹿，现代北方男人也经常以狼自喻，以狼之本色的攻击性暗喻雄性阳刚之美。东方文明进入一个划时代的大融合时期。而西方文明的摇篮希腊开创了欧洲蓝白建筑艺术的线性几何神秘之美，服饰由此也进入了内在与外在连通的极致幻梦中，即外部高耸云霄的尖顶配合头戴的尖顶高帽，相映成趣；建筑内部，炫彩的几何花玻璃达到神秘庄严的神圣威严效果，服饰的内涵加速了奢华极致的审美情趣。元朝皇后高高耸立的罟（姑）冠、西方哥特式帽子，还有蓝天、白云、蓝海、白屋、由此可见东西方生活情调的大相径庭。

从公元 12 世纪中期开始，欧洲进入中世纪的"哥特式时代"（美术史

▲公元13世纪的北欧女子　　▲公元14世纪穿苏尔考特的女子

▶哥特式风格
的服饰

上把公元 12 世纪后以建筑样式的变化为开端的艺术风格称为"哥特式艺术")。所谓哥特式（Gothic），是文艺复兴时期意大利艺术家对中世纪建筑等美术样式的泛称。哥特式由罗马式发展而来，就建筑而言，哥特式一反罗马式建筑厚重阴沉的半圆形拱顶，广泛用明快的线条造型和挺秀的尖顶桃形拱券。建筑内部高大明亮，柱子涂金，大窗满镶彩色玻璃，在辉煌中透着神秘，令人恍恍如进入天国圣地。

▲哥特式时期
穿柯达弟尔服
装的男子

　　哥特式是一种兴盛于中世纪高峰与末期的建筑风格，在欧洲以教堂为代表，如圣彼得大教堂、巴塞罗那大教堂、巴黎圣母院、圣日维涅大教堂、巴黎万神庙、比萨大教堂。它由罗马式建筑发展而来，为文艺复兴建筑所继承。发源于公元 12 世纪的法国、持续至 16 世纪的哥特式建筑，特色包括尖形拱门、肋状拱顶与飞拱。这种为宗教服务的设计，代表了这一时期的物质文化风貌，哥特式建筑的华丽和矫饰直接影响了欧洲的服装风尚。从此，欧洲服装在构成形式和构成观念上与中国服装形成了完全不同的风格。

### 2. 眼花缭乱的款型构成了奇特的东西方文化风景

　　公元 12、13 世纪，随着东西方贸易的加强，欧洲在大量进口东方丝绸和其他奢侈品的同时，手工业开始与农业分离，各行业分工很细，各种专业和工种的独立作坊应运而生。特别是纺织技术和印染技术的发展，使当时的衣料有很多特质，也使原来处于低文化状态的日耳曼人的生活水平得以提高。

公元 13 世纪，罗马式时代的那种收腰合体式造型得到强化，出现了立裁雏形，由过去的二维空间构成向三维空间构成发展。14 世纪中叶，男女服装造型上出现分化，男子上衣短，和紧身裤组合；女装上衣合体，下半身宽大、拖裾。这种对比性的造型，一直延伸、演绎出许多令人眼花缭乱的款式。

元朝的男装蒙语"质孙服"汉译为"一色衣"，在配料和色彩上十分协调，如穿红黄粉皮服则戴金褡子暖帽（褡子即帔、飘带，暖帽为后垂飘带的式样），

▶公元13世纪的立裁上衣与紧身裤

▲元代质孙服

穿白粉皮服则戴白金褡子暖帽。

柯达弟尔（Cotardir）是欧洲华美的贵族服装。男装上衣在肩部常有用柔织物做成的连帽披肩，帽后有长长的下垂冒尖，衣袖的两臂处还缀上垂袖，衣身较长，腰带系在胯部，衣襟有前开口和背后开口；男子下身穿紧瘦包腿的长筒袜，袜长直达臀部，在两侧用扣子或带子把袜与内衣下摆系住，

▲公元14世纪穿柯达弟尔的贵妇和仆人

有时袜底直接缝上皮子当鞋穿，这便是现代健美裤的雏形。除了衣服造型有垂袖等之外，更奇特的是采用了左右不对称的颜色，这与当时教堂里色彩对比强烈的玻璃窗有同工之妙，呼应了时代艺术的格调。

### 3. 天堂与仙道原来没有时空距离

这一时期，元朝民间崇尚道学，这一风气以成吉思汗找寻丘处机探寻长生不老药为源头。成吉思汗问道丘处机，迫于权威和道学点化人的善良之心，丘处机同意教导成吉思汗。由于汉蒙民族语言和文化的差异，道学的精髓无法讲述明白，丘处机苦思冥想，以每天讲一个故事的形式讲给成吉思汗听。这个时期也是儒释道全面萌芽的时期，心灵与生活融为一体，建筑、服装、生活即是修行。

从成吉思汗到他的儿子窝阔台，元朝统治者的金戈铁马横跨亚欧，所到之处所向披靡，残酷的屠城政策让各民族战战兢兢。由于长期的战争，中西方从这个时期开始，人类的集体能量意识开始处于低能级（190级），在世界范围内形成了无形的能量场域，持续了几百年。中

▼世外的休闲

西方民间的传说和故事，看起来如神话虚无飘渺，但编故事的作者却是知晓宇宙终极智慧的高能量人物，如给成吉思汗讲《西游原旨》故事的丘处机，他通过神话故事即道家功夫修炼故事来平衡成吉思汗的杀戮，后来《西游原旨》被吴承恩改编成小说《西游记》。他们集中儒、释、道三家智慧。再如《董永与七仙女》故事，说明人自身就是凡仙同体，所谓神仙都是自己内在"善"能量的显现。这些大德的高智慧能量平衡着世界整体能量，而戏剧中服饰的呈现，则是生活应用把善的能量级散布的最好途径。

▲宋代舞蹈服饰

## 六、明朝和西方文艺复兴

明代郑和下西洋，他发现了新大陆为什么不说？

王阳明龙场悟道源于什么环境？

### 1. 由简入繁的禁欲突破

公元 1368 年，朱元璋建立明朝，在政治上加强中央集权制，在生活上下令禁穿胡服、姓胡姓、讲胡语，衣冠制度沿袭唐宋形制，纺织品统一管理。明代中叶以后，在我国江南地区出现了资本主义萌芽。江南地区拥有多种发达的手工业，衣裳面料由江浙苏杭运供进京。当时锦缎面料多，如芙蓉锦、落花流水锦等，从产量、质量、色彩、图

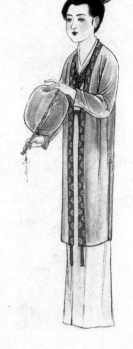

▲明代江南地区女子服饰

案上看都以江南地区为优，一时北方服饰效仿南方，尤仿秦淮，改变了四方服饰仿京都的局面。

朱元璋传位嫡孙朱允炆，其四子朱棣心生妒忌，联络十七弟朱权发动靖难之役。后火烧宫殿，朱允炆下落不明。为除后患，明成祖派遣郑和下西洋寻找朱允炆。

看似热闹繁华的下西洋，身为宦官的郑和内心有怎样的彷徨？是否是他默默创造的辉煌，让来世的宦官权倾朝野，轮回到大明覆灭？且从社会环境、服装外围，一窥今生前世……

明代服装最突出的特点是以前襟的纽扣代替了几千年的带结。虽然从元代开始，就有辫线袄腰围部用纽扣系的形式，但到明朝纽扣才被广泛地使用在服装上，同时成为中国服装史上重要的变革。

◀民间士人的
生活方式

中世纪后期，生产力迅速发展，出现了资本主义萌芽。公元 15 至 16 世纪，葡萄牙和西班牙的冒险家们，为寻找黄金和传说中的财宝，进行了海上远航，开通了东方古道，发现新大陆，经济贸易在世界范围内空前扩大，从而促进了军事建设、海航运输、文化事业的发展，给资产阶级新生命注入了物质和精神上的强大活力。

▶公元14世纪末、15世纪初穿花瓣型喇叭袖、豪普兰德长衫的男子

◀蒙元时期服装

公元 15 至 16 世纪，欧洲发生了风起云涌的宗教革命、文艺复兴运动。正如恩格斯所说："教会的精神独裁被击破了。"西方史学家也强调，古典文化的复兴，扫除了中世纪的黑暗。但文化艺术的发展，即使是在革命突进时代，也不可能隔断与昨天的联系。服装周而复始的形式变

▲公元14世纪豪普兰德毛皮衣女子

▶公元15世纪后期穿大切口短大衣、不对称袜子的男子

化，总脱离不了某个时代的影子。昨天即使过去，但它有美好，这便是昨天与今天在一个时间轴上的相承、相袭、相依、相异。

被称为"文艺复兴的种子"的乔托画有《哀悼基督》，安吉利科画有《受胎告知》，尽管对象是宗教故事中的人物，但具有现实感和人情味，做出了划时代的贡献。可他们的作品仍然具有相当的哥特艺术和拜占庭艺术的影响，保持着庄严的宗教气氛。

宗教之"教"不是心灵的解脱，心灵的神秘大智慧藏在"宗"里，重在于运用古代的教义落实到现实生活中。就像孟子说的，看到婴孩向水井爬去，谁见到都不忍他掉下去，一定会把他抱离危险。同理，当有人大踏步要走向沟壑，见到的人都不得不提醒：危险，止步！悟到的人犹如明眼人，当参悟到智慧的不同阶段时，一定会不惜暴露愤怒相，对盲目的芸芸众生大喝一声：小心陷阱！王阳明在龙场，不得不放下知识与逻辑，被迫混在原始人的蒙昧境地里，用一塌糊涂在混沌中重建思维体系。所谓在世相状态下不按常理出牌，更能迅速地接近终极智慧！阳明心学应运而生。

▶公元1400年左右欧洲女子时髦的花盆鞋和低胸服装

这时期欧洲男女都穿多层外衣，造型比较宽松，面料和装饰都很豪华，用毛皮做里子和镶边，袖的造型有灯笼袖、糖葫芦袖、羊腿袖、垂袖。这种多层外套一为保暖，更为装饰，与灯笼式短裤和瘦袜形成对比，看上去是一种华贵的魁伟，因为紧瘦袜往往明显突出男人生殖器部位。而在短裤上设计一个三角袋，称"股袋"，以掩饰突出部位，结果却适得其反，使大胆风流的男子把"股袋"做得异常漂亮，更起到了炫耀、夸张、突出的引导效果，与原始部落穿的臀带、阴茎套、生殖器周围的装饰纹出于同一心理。中世纪禁欲太久，反其道成了此阶段的"炫欲"。

▲朱元璋的马皇后

▶公元14世纪穿苏尔考特的男子，内穿天鹅绒考特

▶公元15世纪后期穿意大利风格衣装的女子

◀公元1560年穿用铁丝支撑心形领饰服装的女子

▲明代戴霞帔的女子

男女都盛行的切口装饰服装在德国尤受欢迎，其方法是把外面一层衣服面料切开一道道有规律的口子，或切成各种花形图案。这种连续切开的裂口，随着人的动作裂开，露出内衣和衬料，使两种不同质地、色彩的面料互补，起到装饰作用。它是瑞士设计师受战争中丢弃的破帐篷、军服的启发而创造的，后来流行于欧洲。

明代女装有一种典型的"时装"，即"水田服"。它是用各色布拼接起来，像一块块水田似的服装，领为立领，窄袖，盘扣。这是民间妇女手中的艺术佳作，后来多给儿童缝制，又叫"百家衣"。民间也根据此种形式拼接被褥。

▲公元15世纪中期男子服饰

## 2. 女子紧身衣，身体和心灵的桎梏

女子紧身衣从中世纪出现，到公元16世纪才真正定型、做法完善。紧身衣可分为硬制的和软制的，软制的是用面料合体裁剪，并用多层布料重叠缝制，使之有硬度和收束力，有时还在紧要处安插柔韧而富有撑力的鲸须，前后身开口用密密麻麻的纽带、钩扣等系紧；硬制的则用金属（钢、铁）制作，按女性身体造型分铸四片网格框架，接缝处有金属扣钩，也有用铁丝和木板做的，比较粗糙。

穿紧身衣的女子需腰细，公元16世纪英国女王身材细瘦而倡导束腰，相传只有腰围在13英寸（约33厘米）以下的女子才许进宫，可法国亨利二世的王妃腰围40厘米，国王的妹妹腰也有37厘米。紧身胸衣外再罩面料华贵的紧身衣、外裙，其上装饰美丽，领型呈倒三角

▶公元16世纪初
的女子服饰

形，尖部直达腹部。裙撑有西班牙式，即用一圈圈大的鲸须或金属丝

制成，缝在与上衣相连的内裤胯上，其形呈圆锥形；英式裙撑呈椭圆

形，两边鼓起，前后扁平。

◀公元16世纪初
穿有裙撑的女子

▲法国式裙撑

法国式裙撑则在以上"牢笼框架"中有所解脱，设计要先进一些，其形状像轮胎的环形填充物，也固定在内裤胯上，胯部周围圆满鼓起，裙子一般为多层。当时的上衣由于造型合体，又有衬垫填充，质地较厚，所以袖笼处无法严密缝接，就先用丝带和金属链扣及宽布条将袖子固定在肩、袖隆窝，再用针线粗略缝合。这样袖子可以随时拆卸，因此一件衣服可以用各种袖式任意搭配而出现多种款式。那些优美的袖式点缀着服装，设计师用立体的表现手法结合艺术的想象力，把美装在了人造的假象中，失去了自然之美的永恒。

▲公元16世纪中期的女子服饰

## 七、清初和巴洛克时代

在明代时，满族人居住在松花江、黑龙江一带。公元 1616 年，女真族人爱新觉罗·努尔哈赤在赫图阿拉即位，1636 年在盛京（今沈阳）宣布改国号叫"大清"，将其族名"诸申"改为"满洲"。1644 年顺治在关内继位，顺治二年便开始制定服饰制度，因此激起部分汉人

▲清宫后院慈禧太后与八旗子弟下棋（钢笔画）

▲清宫后院对弈（毛笔画）

的抵抗，迫使清廷稍作让步，采纳明代遗臣金之俊的"十从十不从"建议。所以中土的部分传统服装得以延续，并且在满汉交融下，传统与创新相辅相成，使清代的文化更趋向繁琐而多元化。

### 1.多元化格局生命的热烈和颓废

公元 17 世纪中叶，清王朝建立。西方资本经济不断发展，资产阶级的力量越发强大，欧洲各国逐渐以革命推翻了封建统治，建立了共和国。文化艺术、军事、建筑、科学技术的突飞猛进，刺激了欧洲人历来就有的占有欲、扩张欲。清末的内忧外患，造成了中国文化艺术相比西方的"难堪"。其文化虽有吸收、引进，比前朝先进，但这毕竟是历史发展的自然趋势，强迫倒退，只能造成民族的悲哀！

▲公元1614年的男子服饰

公元 17 世纪在法国兴起的巴洛克服饰是 16 世纪末在欧洲出现的巴洛克艺术风格下的产物。巴洛克一词源于葡萄牙语，意思是不合常规。在建筑中，其特点是装饰性强，辉煌华丽，重视光的效果，色彩鲜艳，对比强烈，在结构上富于动势。富丽堂皇的法国凡尔赛宫和卢浮宫是其典型代表。

▲公元1630年的女子服饰

在绘画中，多以曲线描绘，色彩明艳，富于立体和动感，洋溢着生命的热烈，生动活泼的风范使人记忆尤深。这种世俗的色彩给人以感官刺激，尤其受贵族的垂青。反映在服装上，这时的法国男装的奢华和人工造饰达到了矫揉造作的装饰美顶峰，甚至超越了今人所认为的男服之美、男性阳刚之美的范畴。

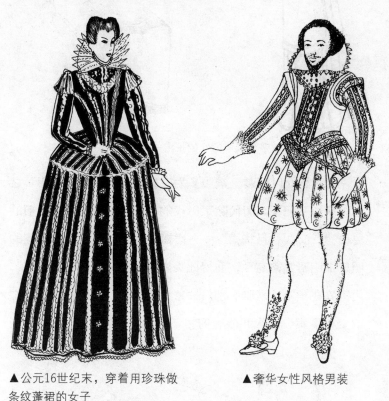

▲公元16世纪末，穿着用珍珠做条纹蓬裙的女子　　▲奢华女性风格男装

## 2. 清代和巴洛克时代民间的"繁花似锦"

清代女服完全由系带结变成了用纽扣。受元代蒙古女性的影响，满族妇女多穿连体的长袍。清朝旗人穿的长袍称"旗袍"，后经过改良，成为突出曲线的旗袍。旗袍往往同坎肩配套穿。清初，坎肩长至膝下，后来渐变短小、合体，也称"马甲"，男女均穿，造型有琵琶襟、大襟、一字襟，都有很多纽袢。

▲清代满族妇女的长袍——旗袍

京都妇女以服装上镶边多为时髦，当时有"十八镶"之称。袄衫下配裙。清代除了历代的裙式外，还有左右打褶的马牙裙，又叫"月华裙"——裙褶之间五色俱全，在光亮的照射下明暗错落有致，而得此美妙的名字；又有"弹墨裙"，用墨弹在裙上，素雅而别具抽象艺术风采，渲染出千姿百态的变化图案，令人想象无穷；还有手绘"西湖十八景"、仕

▲清朝京都妇女
的马牙裙

▲清末民间武术
男女服饰

女人物、山水花鸟的艺术裙；像凤凰尾的"凤尾裙"；用机器烫出鱼鳞状的"鱼鳞百褶裙"，此裙随着人体的行动，鳞片时而张开，时而收缩，似鱼儿张嘴呼吸，又似波浪翻滚，形神兼并，动静结合，使女人更显妩媚动人；另有一种"洋绉裙"，《红楼梦》中描写王熙凤的装束时有一句话："她头戴着金丝八宝攒珠髻……下着翡翠撒花洋绉裙……"王熙凤的洋绉裙其式虽已难考，但据书中透露王家与西洋中外贸易的细节，可知是西洋印花布所做之裙；光绪末年，富家女喜穿"叮当裙"，此裙上加饰剑形腰带，带末系金铃铛，行走时发出叮当声。

清朝服饰搭配一改前朝宽衣大袖、拖裙盛冠的飘逸、柔弱风格，而以衣袖窄小、完整严谨的封闭式，达到清高不凡的优雅气质风范，给后世人留下深刻的形象记忆。改良后的旗袍，更显示了东方女性温柔、含蓄的个性美，具有永恒的价值。由于政治不清明，新儒学思想和心学大行其道。

▲2000年朱哲灵手绘旗韵

▲民国妇女和孩子服饰

巴洛克女服去掉了臀垫的累赘，利用布料的悬垂堆集，仍然要使裙子蓬松鼓胀，强调女性的曲线之美。裙子多为三层，最外层从前中开衩，露出里面不同颜色和质地的裙；或把外裙撩起，向两侧用扣子和花结系住，似从中间分开垂褶的窗帘。

▲公元16世纪末穿切口式服装的男子　　▲公元16世纪末的女子服饰

### 3. 清中期和洛可可时代的人工矫饰之美

清朝入主中原后第三代皇帝雍正（1678—1735）1722年即位后，励精图治，崇尚实务，业绩显著。他严厉打击朋党，整顿吏制，以加强中央集权；实行"摊丁入亩"制度，减轻了无地或少地农民的负担。乾隆皇帝1735年即位，1795年退位，一生勤政，居安思危，其文治武功达到了清朝强盛的顶点。康乾盛世缓和了满族、汉族激烈的矛盾，使得民间服装多姿多彩。清朝前期经济经过康熙以来的恢复和发展，资本主义萌芽比之明代有了较大增长。

公元 18 世纪的英国和法国，不仅是欧洲，也是世界的两大强国。英国的工业革命促进了社会发展，人们的思想意识也相应地发生改变，男人的社会地位空前提高。衡量一个人优劣的标准，不是金钱和华丽的装束，而更注重智慧、才能和勇气。英国男人率先摆脱了那种贵族气的造作，注重表现高贵的绅士风度、精神魅力和勇武气概。男人地位升高，投身于事业之中，不再为自己的服饰打扮花费太多的精力，而把金钱更多地用在家族中的女人身上，以此来炫耀自己的身份地位。继巴洛克之后的洛可可艺术，发源于法国，很快遍及欧洲。洛可可（Rococo）一词源于法文 Rocalleur，意思是"岩状砌石"，灵感来自中国的假山。那些堆砌的岩石具有人工美，玲珑俊秀的苏州园林艺术及陶瓷器是欧洲人倾倒的艺术杰作，其中尽致的曲线美、红粉嫩绿的仙景温情和意境美是影响法国洛可可艺术风格形成的重要因素。

▲公元18世纪欧洲农民生活

▲公元18世纪欧洲贵族生活

洛可可风格对服装的影响主要体现在女装上。洛可可艺术把巴洛克艺术那浮于外表的鲜艳色彩、漂亮形象、动荡气氛过滤出来。从此，女服的样式不断翻新变化，层出不穷。究其原因，主要是路易十五时代宠妇蓬巴杜夫人干预国事。她是当时最有权力的女人，左右着当时的艺术风尚。蓬巴杜夫人最推崇的画家布歇，算是最能符合贵族享乐的洛可可艺术家。入宫以后的布歇，更与古典艺术格格不入，为了迎合贵族们喜欢古希腊、罗马恋爱故事的胃口，画出许多违背神话故事原意的粉饰性作品。他画的蓬巴杜夫人，身穿镶着粉红丝带的服装，光洁的脸上没有什么表情，细腻的笔法，轻艳的色彩，似乎在表现浮华和虚饰的美与人物精神的空虚。

　　充满女性气质的洛可可艺术主要表现在女服上面。华托服是洛可

◀公元1785年的欧洲生活

可时期名叫华托的画家设计的。他描绘的女人穿着新颖的长袍，上衣领口很低，肩线自然斜溜，窄瘦的袖子至肘，在袖口处用丝带系花结，呈喇叭花形或漏斗形，后背从后颈窝处向下做一排整齐有规律的褶，向长垂拖地的裙摆处散开，背后的裙裾蓬松，走动时飘飘欲仙，所以又叫"飞动的长袍"。

▲华托服

一种由蓬巴杜夫人引进的波兰女裙，为很多妇女所喜爱。它从后臀间用扣子和饰带，把裙摆分两处从底边兜起，吊在腰下，形成如云的自然褶裥，状似吊起的窗帘和帷幕。到18世纪末，由于路易十五接连的对外战争和路易十六的挥霍无度，法国财力几近枯竭。在这种社会环境下，代之而起的女服式样是英国式田园风格。这时的女服仍为上紧下松，只是裙饰边采用很长的宽褶边（荷叶边），再配上短小合体的上衣。后受古典主义画家大卫为劳动人民设计服装的影响，服装设计不再限于贵族阶层，平民百姓也流行起时装风尚。她们仍穿长裙，只是多层衬裙被淘汰，改为轻薄贴体的一层面料所制长裙。为了显示苗条的身段，她们不分季节地穿着这种长裙；还为了露出丰腴润滑的手臂，衣裙多为短袖；为了护寒，长臂手套和长大厚质围巾流行起来，以便像斗篷一样把上身包起；为了不破坏女裙的整体美，衣裙上不设口袋，腰带上缀着各式精美吊袋。

▲公元1776年的洛可可服饰

▲公元18世纪服饰

公元 1616 年以后，中国处于古老的封建社会的最后一朝清朝，西方则处于新兴的资本主义原始积累时期，充满冒险精神和活力。随着 16 世纪新航线的开辟，西方殖民主义者相继越洋来到东方掠夺财富，进行领土扩张。18 世纪后半叶，欧洲开始工业革命，资本主义生产方式逐步确立。中国清朝乾隆后期，皇帝志骄意满，和珅弄权，清政权由盛转衰，成了西方资本主义各国开拓商品市场的主要目标。由于中国是自给自足的自然经济，消化不了太多的英国工业品，西方资本主义的几次"商品重炮"，并未真正打开中国的大门。英国又企图用外交手段打开中国大门，但也没达到目的。从 1837 年英舰炮击广州虎门到 1838 年东印度船队总司令率舰来华，英国资本主义一直未停止用武力打开中国大门的冒险，直至发动侵略战争。

公元 19 世纪欧洲的艺术中心仍在法国，浪漫主义艺术风格也从法国开始。19 世纪中至末期，英国发生了建筑和工业产品设计方面的"工艺美术运动"，并贯穿比利时、法国、意大利等国其后的一段时期。这一状况对女服的影响尤为明显，体现在极尽女性之美的 S 服装造型。紧身衣把乳房高高地托起，腰身很细，用各种衬垫使后臀高高翘起，还用各种大蝴蝶结、堆积的褶裥装饰，使曲线优美、挺拔。国学似乎在中国不再有什么用武之地，心学只是在民间继续残存。

▲19世纪中后期欧洲"新文化运动"中的女装

### 4. 西方"新古典主义时代"到来

▲1789–1794年法国大革命时期的平民服饰

以自由、平等为口号的法国大革命风暴，一夜之间改变了文艺复兴以来形成的贵族生活方式。造饰繁琐的男装退出了流行的历史。直到现在，提到时装即单指女装的流行。人们崇尚健康、自然的古典美。

▲1741年的时装

▼法国"新古典主义"女装

新古典女装的特点是：造型极为简单、朴素。巴黎的妇女在大革命的影响下，解下了紧身胸衣和笨重的裙撑、臀垫，甚至连内衣也不穿了，把腰际线提高到乳房底下，胸部内侧做成兼有乳罩作用的护胸层，这种高腰身也是帝政样式的一大特征。

用细棉布做成的宽松式连衣裙，透过衣料可以看到整个腿部。这种薄薄的衣装，与巴黎的气候相去甚远，很多人的呼吸系统出毛病。在这种服装流行的同时，为了增加美感，也为了防寒，妇女喜欢用各种颜色的披肩装饰自己，其中法国中部蒂勒市生产的六角网眼纱最为常用。

1815 年滑铁卢战役后，男子很少穿半截裤了。

◀19世纪以后的男装

### 5. "浪漫主义时代"的财富和掠夺

19 世纪中，女装除了完善紧身衣的合体工艺剪裁外，还增加大裙撑的围度，再度使长裙变成大钟形。为使腰显得更细，腰部下降，前腰中部做成倾斜的尖角形。新洛可可时代主要指女装的极度膨大化，内衬裙材质的变化层出不穷，如马尾硬衬、鲸须、细铁丝、藤条等。新型裙衬由过去的圆屋顶形变成了金字塔形，袖子也与其呼应，袖根窄，塔形袖口喇叭形张开。"这个时候浪漫主义的流行，拉开了社会膨胀和人性张扬的双重人格影像的序幕。人们一面要求外在的浓情与爱恋，另一面极大地扩张私欲。现有的物质格局无法满足，必须到更大更远的地方去寻求物质与精神的双丰收。服饰的奢华只是时代的缩影，欲望的极度膨胀带动了坚船利炮的飞速发展掠夺的加剧。这期间，中国的大门被打开了。"

▲ "浪漫主义时代"的时装

### 6.1870–1914 年"巴斯尔和 S 时代"

男子服装很朴素，新的变化是现代型衬衣和领带的登场，长短大衣、西服、晚礼服交替使用。

巴斯尔样式如同 S 形样式，在历史上已是第三次出现。巴斯尔女装，除凸臀、托胸的外形特征外，拖裙在晚礼服和舞会用服中也非常流行。女装人称"室内装饰业"，如窗帘那悬垂的褶裥，床罩边沿饰的花边、饰带、流苏等都广泛运用在女装上面。随着纺织工业的发达，一件衣服上开始拼合不同质地、颜色的面料，追求装饰美的极致。

19 世纪末，上流社会的女子以参加各种体育活动为时髦，甩掉了裙撑的负担，出现了旅行外套、乘马服、游艇服、打猎服等。女式短上衣、短裙配套出现，显现了活泼、健康的形象。女服在前面开口系扣的形式增多，这种女式外衣与男

◀ 巴斯尔式女裙

服很接近。1899年时兴金银闪光装饰的黑色晚礼服，以后晚会穿晚礼服成为一种风尚。

从1890年起，巴斯尔的人造娇饰退出时尚舞台。受新艺术运动影响，女装外形变成自然流畅的S形，高高托起的胸、细细的腰、丰满的臀部自然地显现出来，臀部以下喇叭状张开。S形流行了近二十年，女装向放松腰身的直线形转化，裙脚离开地面，露出鞋子。

这个时期的服装发展似乎是很时尚，其实简洁利索是这个时期西方社会人性需

▲1899年—1911年晚礼服

要的借托，即将爆发的世界大战已经用服饰加以预演。女人将要从容地送丈夫到战场，她哪能掩饰那"无尽的娇羞"，轻轻说一声"沙扬娜拉"！

◀1913年穿日本和服式蹒跚裙的女子

◀1914年穿清真寺塔状蹒跚裙的女子

▲1910年穿白色尼绒古典式夜礼服的女子

▲1911年穿塔夫绸裙的女子

# 八、民国时期沧桑的风云变幻

### 1. 投机和冒险

五四运动后，中国文化界思想异常活跃，各种主张、各种流派学说都有人研究、信仰和宣传。19 世纪起无政府主义流行于欧洲的小资产阶级阶层，20 世纪初传入中国。五四运动前，无政府主义曾在一定程度上起到过冲击封建思想和军阀政治的作用，另一方面也影响到中国服制形式的大变革。旧中国被称为"十里洋场"的上海，成为女装大本营，引领了当时整个中国的时装潮流。

▲20世纪初中国女学生装

▲民国时期中国富裕家庭的西式婚礼

"十里洋场"得名于 1900 年。当时上海公共租界和法租界共占地 24 平方公里，总人口 44 万，其中外侨 7000 余人。租界初建时，俗称"夷场"，后改称"洋场"，"十里洋场"便成了光怪陆离的上海租界和租界中心的代名词。

上海租界是旧中国开辟最早、规模最大、殖民制度最完备的租界。十里洋场的热闹繁华、风云变幻，对全国政治经济、科学文化、社会生活等方面都发生过很大影响，成为近代中国历史沧桑的一个缩影。

◀1916年和1918年东方风格的女外套

▲1915年穿网球服的女子

十里洋场也是传播西方文明的最大窗口，资本主义带着它们从政治制度到生活方式、从民权理论到生光化电的新学问，一起进入中国，也为那些涉足社会的人提供了了解西方和西方社会的窗口。电影的出现，使得电影明星逐渐成为被崇拜的偶像；电影明星所穿的服装，便成了摩登女子争相效仿的时髦。受外来新思潮的影响，女性的生活起了变化，她们纷纷走出闺房，投身于电影业、商业、手工业以至官场等。由于生活起了变化，改装换容成了必然之事。在上海，外国人办工厂、开学校、建银行、通水电、跑汽车，传播了西方物质文明和社会习俗，对于改变中国落后的生产方式和不合时宜的文化，促进上海发展为中国经济、文化中心和远东第一大城市，充当了历史不自觉的工具。

▲1939年穿用狐皮毛镶边的夜宴大衣女子
和穿天鹅绒套装女子

上海投机、冒险、诈骗、烟、赌、娼盛行，被称为冒险家的乐园。

1914—1918 年的第一次世界大战，欧洲为主要战场，参战的国家之多、规模之大、给人类造成的损失之巨均是史无前例的。这是一次欧洲各国全体总动员的大战，男子们几乎全都奔赴战场，妇女成了战时劳动力，女性走上社会成为现实。女装因此产生了划时代的大变革：裙长缩短，繁琐装饰去掉，富有机能性的男式女服在生活中确立，女装现代化进程加快。世界大战的风云带给人们巨大的创伤，此时女装比任何时候都大胆，且呈现多姿多彩的形态。以美国为首掀起了世界范围的女权运动，女性在政治上获得与男性同等的参政权，在经济上职业独立的女性越来越多，因此职业女装应运而生，登上历史舞台。

## 2. 文化交织前的渗透

受新艺术运动、毕加索的立体主义、埃及艺术、俄罗斯芭蕾舞、东方艺术等的影响，民国时期都市女子结婚采用头披白纱，身着丝织礼服，手持白色花束的文明婚礼，也有在教堂里穿婚纱结婚的。平民和农村结婚仍采用红袄、珠冠，

▲1920年的晚礼服　　▲1917年的休闲套装

▲1923年的礼服

坐花轿的旧式风俗。

由于外来商品的进入和西方生活方式的渗透，国内大城市的女子频繁出入交际场所，能显出窈窕身段的合体着装尤为重要。模仿美国简便装束，穿短裙、戴胸罩的女子越来越多。

画家叶浅予先生设计的女士新秋装，将装饰风格结合在中式服装中；画家张乐平设计的女式冬装，外罩长大衣，内穿长裙，说明了当时服装设计已经中洋结合、百花齐放。

科学技术和工业生产的加速度发展，造就了20世纪全新的艺术结构和形式，如电影、电视的综合艺术和摄影艺术、多媒体广告艺术、钢雕、丙烯画等。20

▲叶浅予给电影演员"蝴蝶"设计的服装

世纪初，艺术最终冲破了保守派的禁梏，潇洒地进入到抽象领域。在弗洛伊德的精神分析哲学的影响下，封闭了十几个世纪的人类，开始了个性解放的宣泄。不同的政治形势让艺术和儒释道精神时而"犹抱琵琶半遮面"，时而大放光彩，时而又"偃旗息鼓"。尖锐的政治斗争如同真枪实弹的战场，使人类的精神和肉体受到双重摧残。历史总是或多或少地和人类开着大大小小的"玩笑"，文化、艺术一次又一次破土重生、毁坏、再滋长、蔓延，使在各种不同背景下生长的贫富不等的中国人，很难找回过去的单纯。

▲20世纪20年代服装

▲叶浅予设计的民国时装

### 3. 心理学与心学行为的反思

在中国，北伐战急后即是十四年如火如荼的抗日战争，然后是解放战争；在西方，则进行着第二次世界大战。反法西斯之战艰苦卓绝，人们要在战争的废墟上艰难地站起来，不同的国家采取了不同的政治方针政策，结果今天人们看到的是两种不同的景象。

20世纪50年代初，一个接一个的运动，热火朝天地拉开了中国创业新篇章。艺术在这种动荡而又火热的情绪下产生，并代表了这一时期的社会风貌。"创业难，守业更难"，在贫穷落后的基础上，靠政治运动去建设，造就了一批单纯、勤劳、盲目的清贫百姓。人们只能按照现实改变正常的思维和感情，别无他途，可谓是"外界一片火红而内心一片焦土"，艺术只不过是那个复杂的现实社会呐喊的回声而已。灰色和军绿色是那些年的流行色，布衣布裤朴素、简洁，中山装是传统的正直。

在西方，可以用心理学家的话说：苦恼的时间越长、程度越深，反作用力就越强。经受了艰苦的战争洗礼后，男人们还要挣扎着在废墟上建设，他们备感家庭的温暖，倍需女人的情爱。他们懂得男子的魅力首先取决于他对国家所做贡献的多少，所负责任的多少，其次才是精神价值相对应的仪表。他们重视生命，需要爱情，而爱情不是在空洞的情语中谈论出来的。他们负起了养家糊口的重担，职业让男人重新找回了属于生命本质的矫健英姿与阳刚之气。

▲欧洲绅士　　　　　　　▲勇猛阳刚的蒙古族摔跤手

　　20世纪初，弗洛伊德婴儿性欲学说揭开了自亚当夏娃时代就盖在男女本来面目上的遮羞布，推动了20世纪中的性解放运动。民国时期为中国半遮半掩的性解放的短暂时期。战后职业妇女的增多，造就了妇女个性解放的浪潮，女子的地位迅速提高了。西方妇女经受了战争的别离，而战后失夫或失子等痛苦以及男人的减少、寡妇和无人问津的姑娘增多，使久经痛苦的女人在性饥渴和生存竞争的双重困惑下，产生了强烈的逆反心理。她们的服装走向极端，无节制地夸张，未婚女子服饰性感轻浮。过度解放而不能达到心灵来去自由的"如来"境界，自然社会无声轮回，警钟长鸣，未来纯良和高贵就成了时代的奢侈品！20世纪中，女装革命取得了突破性进展，并达到了顶峰。

中国民国时期也是高度解放时期，大城市中的名媛选择新思潮下的自由浪漫，开始了自己作为女人左拥右抱的生活。然而在新思潮和封建残余思想的夹击下，她们也逃不出内心的焦灼……

20世纪40年代，各种图案与颜色的男衬衫开始流行，但上流社会和知识阶层的人仍视白衬衫为高雅，例如在银行界银行家的蓝或紫西服里配白衬衣。所以有钱人和高级职员称"白领"；常穿蓝色工作服的工人则称"蓝领"，流传至今。

▲1959年圣罗兰设计的对比配色、皮尔卡丹设计的短长配比服装

### 4. 流行和个性化是带电的能量场

20世纪中期，女服在基本轮廓上是对传统的借鉴，服饰造型宽松自然，轻快而富有朝气，蕴含古希腊服饰的影子，另加入现代设计的概念，使其产生了不朽的意义。设计师从中世纪柯达弟亚服中获得灵感，不对称的形式在服装设计中再度应用。

1965年是西方服饰形式创造上出现突破性发展的一年，设计师巴兰卡的弟子安东·克瑞哲斯，以他新颖的几何设计引导了那年时装的流行趋势。抽象派画家给服装设计师很大的启发，平面构成的含量与意义被克瑞哲斯充分利用，在平面上造成几何形的切割线，穿在人体上构成整体的立体空间效果。所以说，服装是软雕塑、会动的软建筑，因为它与建筑、雕塑本身在平面切割及整体构成上是相似的。

对于 1965 年来说，艺术流派层出不穷，如光效应艺术即视幻艺术，行动艺术和前卫艺术等。首先应用光效应艺术的设计师是詹尼·路易斯·佛若德，他利用线条和几何图形的复杂排列、变化，在人工光照的配合下，给人眼造成错觉而产生奇幻现象。严格地说，佛若德的设计是结构设计与工艺美术的图案设计结合的产物。他以线、色、几何图形在点、线、面、光结合中造成静（本体面料）、动（行动的人体）、静动（抽象错觉的凹凸、远近）三位一体效果，是今天三位一体空间艺术在各行业中应用的早期典范。

随着工业水平、科技等的不断发展，人们的生活水平日益提高。在 21 世纪的转换期，端庄淑雅型与开放活泼型划分了淑女与时髦女性，其本质未必有好坏之分，却根深蒂固地在人们心中，造成性格修养、道德观念、审美意识、生活态度的差异。

▲圣罗兰设计的几何分割服装

人类的现代化进程足足让东方古国晚了几十年。虽然我们发展很快，但仅有外在的突飞猛进，往往预示着某种危机，毕竟别人是实实在在地走过以后才有今天的收获，而我们在进步之前的基础确确实实太虚空和薄弱。中国具有辽阔的幅员、悠久的历史文化和智慧勤劳的人民，中

◀弧线切割、松紧相配服装，服装构成上是你中有我，我中有你，互为阴阳

国梦在悄然兴起，复兴华夏文明被再度提及。

1928 年，英国物理学家保罗·狄拉克成功地将量子力学和相对论结合，创始了"量子场论"，为粒子产生和湮灭的过程提出了有力的描述和理论基础。场和基本粒子有着不可分割的关系，而地球生物有着复杂的形态，就具有复杂的场。人体是一个带电的能量场，经由东方古代圣贤的阴阳学说的智慧滋养，人体这个载体承载着两级电能场，即阳性场和阴性场。人们集中修炼念力，可以改变环境和物质的存在方式，所以在破除迷信、以科学发展观为先导的今天，正能量就犹如华夏民族精神复兴的及时雨。历来中国人承受痛苦、忍让的程度往往比西方人深，但其反作用力和爆发力更强。正所谓："国家和人生的辉煌并不在乎长路漫漫，真正的成功是在当下的旅途上。"

▲未来科技文明服饰。上衣承接天地能量、下裳保护能量的不流失

▲1995年朱哲灵设计的网络时代服饰

**5. 中国早期服装设计与西方时装设计师鼻祖沃斯**

1912 年，民国政府规定了男女礼服形制。男子有大礼服和常礼服，大礼服分昼礼服和晚礼服两种，均采用黑色衣裤和领结；常礼服分西式和中式两种，中式为长袍马褂。女子礼服身长至膝，为立领对襟式，下裙前后有襕面，两侧打褶，两端带结。

北伐以后政府规定新服制，男子采用中山装和西装，长袍马褂仍然是常服的一种。立领、三个口袋、七个扣子的学生装，主要是高等学府的制服。女装在这个时期变化较大，有保留清式偏襟衣裤的，有上衣下裙仿效西式的。女学生穿偏大襟上衣，底襟圆摆、立领、齐肘的中袖衫，下配黑色绸裙。社会妇女常装仍以长旗袍为主。

现代意义上的服装设计师鼻祖沃斯，出生在英国林肯郡，12 岁起在棉布商店当学徒，20 岁迁居巴黎开始自学女装设计。1858 年，他独资

▲吉普赛式服装设计。从颜色、面料、线条等入手，互为阴阳，使普通的款式在感观上动感从而提升气质

▲1924年左右嬉皮士服饰　　▲男士晚礼服

在巴黎开设女装店，不仅吸引了有钱的巴黎女郎来订做服装，连欧洲各国王室女性也慕名而来。他第一个用真人做时装模特，开创时装表演之先河并打破了时装设计为宫廷享有的先例，把时尚带给了出得起钱的广大妇女。虽然沃斯的设计有他的局限性，但这位出生在英国、成名于巴黎的服装设计师，1894 年去世时创造了"巴黎女装之父"的美誉，历史会永远记住他。回头看欧洲，特别是法国 19 世纪 50 年代前后的女装，便完全体现了沃斯的设计风格。

### 6. 世界时装大师的故事和作品

第一位被称为"革命家"的设计大师波尔·波阿莱是个呢绒店主的儿子，他从小就对服装设计有浓厚的兴趣。他画的设计图被多塞看中，于 1895 年进入多塞店工作，后又到沃斯店工作。1903 年，24 岁的他在一个剧场附近买下小店开始独立工作。他那与众不同的橱窗陈列很快就引起人们的注意。1906 年，他推出高腰身细长形的希腊风格的服装设计；1910 年，他发布了宽松腰身、膝部以下收窄的霍布尔裙，它是现代"一步裙、蹒跚裙"的源头，这种全新的样式于 1910—1914 年风靡巴黎。为了步行方便，他在收小的裙摆上做一个深深的开衩，并推出穿长筒靴的时髦样式。1911 年他预言不久女性将穿着裤装。

波尔·波阿莱对东方艺术的兴趣十分浓厚。1910 年俄罗斯芭蕾舞在巴黎公演，受其影响，他发表了色彩强烈的东方趣味作品，如"孔子"大衣、土耳其裤子、灵感来自回教堂尖塔的中长上衣等。1912年，他亲自率领 9 名模特，穿着蓝色哔叽呢男式女套装和黄色格子两面穿大衣，头戴装饰着大写 P 字的油布帽子，分乘两辆汽车，周游莫斯科、柏林等欧洲各国首都和主要城市，展示自己的作品，拉开了国际性"时装使节"的序幕。

1908年，波尔·波阿莱迁到夫奥布尔·桑特诺莱大街。这是一个由三座建筑物连在一起的大店，在这里他创造了波尔·波阿莱王国，并创设了"罗吉奴"香水公司和"玛尔其奴"工艺学校，培养出许多设计人才。

可可·香奈尔，1883年生于法国卢瓦尔县的索米尔，在孤儿院长大，少女时代历尽艰辛，逆境造就了她强烈的逆反心理和自强不息的斗志。1910年，她在巴黎开了个帽子店，1915年创办了"香奈尔时装店"。第一次世界大战后，她敏感地抓住大战后的社会特性，以黑色和米黄色为基调，第一个把当时男人用作内衣的毛针织物用在女装上，适时地推出了针织男式女套装、长及腿肚的七分裤装、平绒茄克等。她大胆地把晚礼服那"法定"的拖地长裙缩短了长度，独特的晚装有效地打破了传统的贵族气氛。她是向自己以前的作品挑战的第一位消费者，并在着装方式上为现代女士做出了榜样。现在还名扬四海的"香奈尔套装"基本原形就产生于那个时代。

她一生致力于为现代职业妇女设计简练服装，被人称为"运动型之母"。她在1920年代的作品可以原封不动地被现代人穿用。香奈尔对现代女装起着不可估量的历史作用。

▲1925年霍布尔裙（波尔一步裙、蹒跚裙）

# 九、12 年的转折：东方和西方服饰环境的精神

### 1.1949—1973 年的中西服装

就男服来说，由 19 世纪燕尾服演变而来的无尾西服，在 20 世纪奠定了它的职业性、正统性。显示男人风度的西服逐渐普及到全世界，进而出现了女式西服。燕尾服仍具有礼服的权威地位，并讲求领饰、手帕、鞋帽等的款式和色彩与礼服协调一致、符合规定。礼服分为晚礼服和昼礼服，领式有剑领、半剑领、青果领，领子上覆盖一层与礼服料颜色相同的绢，上衣口袋露出叠好的白麻手帕，裤料和颜色与上衣一致。一般礼服的裤腿外侧都有装饰条带，称"侧章"。昼礼服与晚礼服的唯一不同是，昼礼服前襟的剪裁方式是以斜线形向下和后剪裁，背后开衩。

珠扣的白衬衫，白领结，白手套；黑色高平顶礼帽，黑袜，黑皮鞋。如请柬上写 Black tie，就须穿黑丝绢或罗缎等面料做的三层褶的宽腰带背心、条纹玛瑙扣的白衬衫、黑领结的套装。不管是出席正式宴会还是半正式宴会，都要根据主人的身份、服色等及会情需要穿衣。男大衣延续 20 世纪的流行形式，与男西服结构相近，有双排扣、单排扣和暗扣之分。男子的泳装彻底简化成小裤衩的形式。由于科学的进步，男装更注重实用性、功能性与舒适大方等。

1965 年属于前卫派的超短裙，由普通的英国女子玛丽·奎特首创。她打破了传统的长裙秀丽

▲绸缎面料礼服

的审美观，不顾大多数人的反对，率领时装模特在美国这自由之邦到处展示，很快攫取了一部分爱新奇的少女及男士的心。由于它只适合双腿秀美的女子穿着，所以普及的程度视开放程度、气候温湿、性格特点而定，属于时髦、大胆、性感的范畴，但也被后来的设计师争相应用在"迷你"设计中。后来由超短裙演变而来的长上衣，以它的实用性赢得了人们的心。

随着西方工业、科技等方面的发展，人们的生活水平日益提高，对服饰的要求也日新月异。服装设计师尽可能地参考、运用宇宙万物、各行各业、各种材料，达到想象效果，把服装设计得怪诞离奇、高雅别致或者性感色情。他们博采众长，又勇探别

▲1967年克瑞哲斯设计的短装　　▲1947年迪奥设计的服装

径，于是出现了女装男性化的倾向。当资本主义危机来临时，首先看准时机，由高档时装转向成衣化的皮尔·卡丹，为普通大众设计成衣，批量生产，在危机中站稳而大大赢得了市场，同时也受到了同行的唾骂。国外也一样——同行是冤家！

继1968年的半长裙之后，70年代的细长形裙开始被妇女们关注。风格粗犷，有着原始和民俗味的扎染衬衣流行。受嬉皮派服饰影响，人们越来越爱穿简单、随意的服装。

1971年，一代服装大师香奈尔去世。许多著名的设计师纷纷办起

以自己名字命名的服装公司。这时候的服饰流派从稚气走向端庄秀丽、成熟。这以后的法国成为各行业新鲜服装的交汇点。

1976 年，设计者根据自己的意图和市场上可能的流行导向，自由地发挥创造。以前辈设计师圣·洛朗为首，设计出引人注目的异国情调服装。他们从北非摩洛哥人服饰、古俄国哥萨克舞蹈演员服饰、美洲印第安人服饰、东方各民族服饰中吸收营养，创作出一批令欧美人

▲1988年朱哲灵设计的服装长短配合阴阳互为表里

▲灵感来源于圣·洛朗灯笼裙式设计，外配宽腰饰与里外互为阴阳更注重了"黄金分割"比例协调

▲圣·洛朗设计的
苏格兰情调服饰

震惊而感到新鲜的服饰。这些服装已经超越了原民族审美的局限,融入到世界文化审美的范围,而使服饰艺术从绘画、舞蹈、浮雕、音乐、生光电等学科的影响中最大程度地释放出来,注入人类文化精神美,把狭隘的、僵固的民族文化融化成了开放、兼收并蓄、灵活多变的世界性文化,这确实令1990年代的中国人兴叹。

21世纪的中国,充实进步的同时,还需用真正的实力净化我们的心灵环境和物质生态环境,拾起中国文化的根,用真正我们自己的文化来武装自己,服装才会突破穿着美和保暖功能,提高到精神之上的境界。

### 2.1973—1985 年的中西服装

改革开放以后的中国服装界,仍以上海服装为主潮流。泡泡袖带荷叶边的连衣裙是当时的大众时髦。窄腿裤是"落后"的象征,大腿裤向城市进军,直到被贬为"扫地裤"的喇叭裤时兴,但也形成不了潮流,保守人员照样封闭自己,不去接受新鲜事物。灰布中山装、直腿裤是任何人都穿的服装。

20世纪60年代之后,西方服饰的流行趋势是一年一新,而80年代的中国人适应新形势的能力不如90

▲长短黄金比、肥瘦与
共、深浅搭配

▲服装上的弧线律动、
强调女性的柔美

年代的年轻人那么敏锐、积极,人们带着余悸走一步回头看一下。男服有开关领衬衣、夹克衫、西服、大衣等,款式比较呆板,面料极普通。女服在工艺剪裁上有公主线式、套头式、插肩袖式、对褶、顺褶、百褶裙式等。服装的款式已基本定型,设计的内容需要反复构思,讲求色彩和款式的搭配,把新事物合理地用在服装上。

1981年以后,国外时装大师先后来华访问,使时装界掀起了一股新波澜。皮尔·卡丹1981年来华,带来一批气质高雅的模特展示自己的服装设计作品,架起了我国和法国之间服饰文化广泛交流的桥梁。时装模特的介入,以一种崭新的面貌和活力,展现在中国人的面前,给中国人提出了面对世界的新问题。随后模特职业在中国诞生并发展壮大,"服装设计"这一名词形成热门话题,各大服装院校美术系、服装设计专业成了热门。这时候,有胆识的企业家大量引进外国服装资料,艺术家品评服饰艺术,设计师开办自己的服装公司,由此中国人把服饰美学提到了一定高度。但因国情和经济状况的多种原因,服饰高档化在中国还有很多局限性。服装反映了一个国家的经济情况、社会风貌、文化素质、民族特征,象征着一个国家与民族

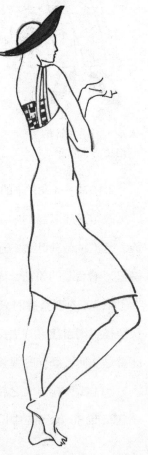

▲1985年实与虚的吊带设计

▲圣罗兰设计的普普艺术服装

的外观形象。墨子说："食必常饱然后求美，衣必常暖然后求丽。"

1978年的服饰变化，首先表现在弧线的样式增多，如短翻边裤、裙裤、长肥灯笼裤等；其次是上衣的复古样式，重复强调服装本身的结构美，特别是肩部的造型，如过肩、捏褶、垫肩等。这些造型有男性化的倾向，但腰部多用松紧带收紧。这种强调结构的服装，表现出设计师开始从平面裁剪的东方风格向西欧注重结构和造型主体的传统靠拢。另外，穿着奇装异服的摇滚歌星登台表演，服装便和发狂的音乐一样流行起来。当时这种奇装异服被轻视地称为"朋克服"。然而，设计师们却利用这种服装设计出了很多款青年欢迎的服装，不分男女均穿着。

1979年的服装延续1978年强调结构的特点，并配有与外形结构线协调的V形大敞领，形成了漏斗状的女服造型。蒂埃里·密格莱设计的宇宙服，是一种富有新意的多层包裹裙；圣罗兰设计的高地服，用格子花纹的苏格兰长披巾斜系在肩胸上，破静扬动，刚柔并济。

1980年的服装以蒙塔那的大型阔肩和短而收细衣身的服饰最有特色。硬挺的前开襟阔肩夹克衫里面，穿着

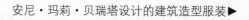
安尼·玛莉·贝瑞塔设计的建筑造型服装▶

▶川保久玲设计的美国风服装

柔软宽松的收腰长衬衫，这种设计构思，在古典造型的启发下，形成了上宽下窄、造型明确的现代风格。

1981年的服装仍继续着纵横交错的风格变化，大垫肩的宽松服装仍是主流。当时出现的叠层服装，长长短短，宽窄相间，在色彩、造型及面料的质感上互相衬托，突出自由、活泼的风格。

在1982年中值得一提的仍是蒙塔那，他所设计的具有法国大革命时代情调的服装，模仿当时参加革命的平民妇女的简朴装束，那双层的放射状白色敞领，使人显得年轻，富有朝气。他设计的V字型宽松束腰服装，有垫起的宽肩和柔软的披肩式V形领，与衣服的对襟的A形下摆形成对比，宽松的袖子有长的紧口袖边，喇叭形衣摆下是包体的超短裙。这种软硬、宽窄相对比的服装造型，表现出人的气质、魅力，给人朴素美的享受。

### 3.1985—1997年的中西服装

1980年代改革开放伊始，中国人一时还不适应，所以不管是服饰领域，还是科学文化领域等，都只是循序渐进地发展着、进步着。改革开放放了一根很长的线，让中国人慢慢地适应，慢慢地深入，适应理解透彻以后才是

▲阿索亚设计的百褶裙

飞越。这是针对中国的一剂良方。1990 年代参与国际竞争的中国，使西方人震惊。在适合本国国情的服饰形式下，虽然材料落后些，但同样可与西方时髦比肩。

世界时装中心原来只有巴黎，近年来，各国投入很大的力量来发展本国的时装工业，意大利的米兰、美国的纽约、日本的东京等地成为二级时装中心，具有很强的竞争实力，使新时装的发布由一元化进入多元化的时代。由于社会文化的不同，各国形成了自己的着装风格与特色：巴黎时装讲究艺术气氛，意大利时装富于浪漫情调，美国时装质朴、活泼，英国时装具有绅士风度，日本时装庄重、典雅等。尽管时装中心出现了多元化的局面，但随着科技的不断进步和信息传递的高度敏捷，各国时装设计师也不断接受、感染世界市场，而形成一个总的时装流行趋势。1983 和 1984 年盛行复古风，女装男性化已逐渐形成。1985 年，世界时装潮流是女装男性化。

▲强调肩部的服装设计

1986 年，女装出现了恢复女性化的趋势，绘画艺术中的立体分割、抽象风格等在服装中的应用再度出现。

到 1987 年，女装完全女性化，突出女性优美的曲线是这个时期的主题。蒙塔那夸张的服装外形与柔美的曲线美相结合，形成了这年刚柔并济的流行风格。

▲宽松简约的服装设计，活泼的绘画风格，强调毛笔与钢笔、松与紧、短与长的阴阳关系

1988 年的春夏是民族风展现的的季节。设计师们更重视面料设计，他们仍然把眼光放在了绘画艺术中，如普普艺术、抽象派、立体派等。他们讲究面料花色和质地，外形轮廓的精简、优雅是服装的总趋势。

　　1988 年，人们着装风格各异，总趋势是短衣配长裙或长裤，一般搭配方式是上宽下紧、上窄小下长大或反之。1988 年的设计图，相对于中国南方来说比较适宜，而对于北方来说，时装流行比南方慢一些。北方的北京是中国的政治文化中心，它的发展受古老而传统的文化观念影响。这种传统的文化观念造就了形象上的保守状态。当南方各大城市与西方时装潮流接轨或紧跟其后时，北京的人们尚不愿在首都街市显得过于开放醒目，他们保持着文化人的矜持与稳重的作风。在这种大趋势的文化熏陶下，纵然有开放大胆的新潮女性，也形成不了潮流。北方内陆城市较多，传播新事物的速度慢一些，便形成了很长时间都以普通长裙、长裤为主的特色。

　　女装讲究线条优美、清纯自然，对比仍然流行，上衣与下衣以长对短，领圈与腰围以高对低，冰柔色对热亮色。秋冬季以短直窄的沙漏式贴身剪裁与散开的下摆为重点，简单的外表和古典轮廓、不对称款式搭配是这段时期的主流。

　　自从 1992 年邓小平发表南方讲话，中国大地上升起一股热风巨浪，形成一种全民经商的局势。"下海"一时成了时髦的话题，服装市场上的竞争随之更为激烈。此时形成了北方服饰仿效南方的局面，日本服装的正统、严谨风格也倍受北方女性的青睐。

▲朱哲灵1999年的设计作品

1990 年代的中国突飞猛进的发展让世界瞩目，让世人刮目相看。虽说我们的基础比较薄弱，但就像服装演变中的循环现象是完善、再完善的辩证运动一样，突进是也丰富了文化传统。突进猛烈，与传统有所脱节，便呈现出混乱和无秩序的状态。复古是为了弥补脱节部分，使之更上一层楼，真正在市场经济的浪潮中站稳脚跟！

　　那几年，波斯尼亚战乱、苏联解体、卢旺达大屠杀、埃塞俄比亚动荡等引起的不安情绪，致使服装色彩艳丽，以反衬社会的灰暗与悲伤。

　　1990 年，复古、回归自然之风强烈地吹拂到时装设计方面，人们向往恬静自由的生活，服装款式学习古希腊雕塑，流行流畅如水的线条披挂、悬垂的表现手法，短印花夹克配印第安式牛仔裤，裤侧有印花边，长、短裙交替穿着。20 世纪 50 年代流行的款式再次流行，女装高腰，宽松简洁，在飘逸洒脱下蕴含着一种质朴的野趣。南美洲、非洲、印尼等地区的款式印象，追求异国情调，缀上原始配件，把人装扮得热情奔放、神采飞扬。墨西哥的大草帽，露脐短上衣，多层次的宽松长裙，赋予服装大地的色彩，粗犷的民族图案像天之骄子与蓝天大地融合而成一个个和谐的精灵。当人们感到心旷神怡时，总爱去山野漫游，去运动场健身，这时活泼而生动的服饰活跃于热烈自由的运动场所。富有弹性的针织棉是这类运动装的主要原料。沉静的男装借鉴女装的细节设计，更富有古典韵味。稳重大方的着装、时髦的痕迹留给人们活动的空间。

▲1999年朱哲灵设计作品

▲1995年中国南方流行款式

1991年冬装崇尚线条柔和自然，刻意经营的装束被淘汰，时髦搭配之一是紧身衣。滑雪裤外罩泡泡形蚕茧服式，风雪大衣是每个系列的必备款式。各种大衣只是在细节上有些变化，怀旧的巴洛克风格和前卫创新设计受到青年人的喜爱。这年晚装流行黑色。

1992年，我国发布的1992—1993年秋冬时装流行趋势，第一主题是"阳光下的冰川"；第二主题是"职业的风采"；第三主题是"靓丽的女性"，色彩绚丽鲜艳，深底色，表面呈紫红、紫黑、绿色，打破常规的组合，同色系深浅不等的暖色调或冷色调衬托明亮的极具活力的色彩；第四主题是"组合的趣味"，即运动便装类，无论是用色还是用料都有比较大的自由度，冷暖色相间拼接，多处开刀和拉链，兜位形状多变，用细节点缀整体，繁而不乱。

1992—1993年，仍是复古风、民族风盛行。一种在色彩上采用玫瑰红、酒红、灰白色和肉色的具有19世纪皇宫的富丽堂皇出现了，其灵感来自墙纸、台布等，款式上敢于创新，反差奇特。神秘的夜景色，诱惑了这季时髦的人们。以香港时髦、发达的大都会为背景，风、月光、星星、午夜天空、变幻莫测的霓虹灯，这些富有挑逗性的色彩，把偏短的合体款式，映衬得更加性感、妩媚。

全球性的经济和政治波动，持续影响时装潮流的趋势。那种动荡引起的不安情绪到1994年春天来临时稍有舒缓。在紧张的市场竞争中，人们往往选择轻松、随意的打扮，让自己从忙碌一天的职业装的

▲朱哲灵1994年的设计作品

禁梏中解脱出来，享受那些休闲服装以及开衩式长款裤和长裙。服饰带有原始的粗犷和明清朝式的复古，厚底、拙稚的松糕鞋在南方"泛滥成灾"，也是北方摩登女子首赶的时髦。讲究个性的北京人，服饰风格各异，各领风骚，然而商场尽是此风格的大跟鞋，再讲个性也只能随大流了。

超高速的工业化浪潮席卷全球，机械化所产生的物质文明迅速而狂暴地改造了大地，人们在变化超快的节奏里，留下叹息在夜空消失，在矛盾中寻求协调。这也预示着怀旧与现代格格不入，但怀旧又能充实现代，使之在多元化中建立新秩序，为进一步突飞猛进创造条件。

从跨世纪的遗迹里，我们多少可以找到 18 世纪的影子，如巴黎

街道上的长马车及中国京城满族旗服、古罗马的温泉；我们看到的那些简单而又朴实、笔直的线条，沿用在服装设计师的创作中。他们为了增加现代气息，制造戏剧性效果，不惜抄袭 1890—1910 年的艺术作品，把军服的设计重新包装。1960—1970 年代西方的打扮是1994—1995 年春季领风骚的"节目"，那些充满感情的怀旧情绪在东方服饰设计及环境气氛中竞相传染。例如，中国乐坛上流行起《南泥湾》《东方红》等歌曲，流露出民族风情的粗犷；纯情的《小芳》《纤夫的爱》等歌曲的传唱，更是这一时代环境气氛使然。可见，综合

▲中国1994年带有西方六十年代风格的套装

▶朱哲灵1997年的设计作品

▲蕾丝上衣和素纱裙搭配

性的服饰艺术又怎能独揽风情呢?

全球性工业并没有全面复苏,但预测资料显示一定要认真处理环境保护问题。时装界也要多采用不令天然资源消失的布料、染料及加工程序,把"反核"的精神再次发扬光大。这种转变虽然影响我们的视觉效果,但强烈的质感弥补了颜色上的贫乏。中性色和大自然的色调是 1994 年的流行色,最美丽夺目的则是充满民族风情(意思是回归大地)的色系。这些颜色在文化氛围的大前提下,得到了市场空间的允诺,并一直延续到 2016 年,直到未来的环保问题。

另外,休闲装以清新、精致及轻盈的打扮否定了任何胡乱的搭配和竞争意味,女装和男装的区别不大,并比以前有更多的共通点。

活力型的超级先锋派,是接近自然的冒险家们的着装本色。设计师们嗅到了生态学气息,把环境、树木等自然的情调用在服装上。那些羊毛织物和植物纤维形的毛面料穿在身上,配上合体的裤子,既浪漫又随意。

1994 年和 1995 年,全球经济不景气。时装界的服装设计师在经济寒流的冲击下,艰难地推陈出新,推出了一连串"经济实惠"系列。一组组服饰以东方的远古文化作为创作灵感源泉,层层叠叠、线条修长并开衩、柔和圆滑的饰物配套之作应运而生。这些似乎是回收再造、衣料和色彩像是从旧日衣柜里翻

▲统调配色的纱裙套装

出的新装,款式造型仿佛早就流行过,只不过衣料凹凸横竖、深浅粗糙交错编织,集不同的剪裁于一身,短窄与阔长的对比引人注目。南方服饰又回到"金粉世家"的辉煌,虽然没有 17 世纪欧洲宫廷的奢华、浮夸,但面料的质感和形式的堆砌使得现代服装艺术与过去服装艺术融为一体。不同的性格、不同的环境场合有不同的选择,"时装潮流体系"被意大利名师 Moschino 宣布制止,但它毕竟确实给各阶层的人提供了缤纷、璀璨、端庄、文雅等气质特色。这季变化虽多,但万变不离其宗。

服装设计与流行趋势,展现了四个主题:

**女装:**

(1)绝尘出世。所表现的是转眼即逝、超凡脱俗的效果。

在不安的年代,没有什么比浪漫幻想更令人心情放松。把身体裹在轻盈飘逸的白纱里,再点缀一朵玫瑰或粉荷,似仙子、似女神,奇幻世界、神话传奇……这些都是对美好的向往,对旧信仰的怀念,对现状的抗议。毕竟这都是过眼烟云,一去不复返。

颜色是地中海的石色与漂白过的、冷冷的白色互相辉映,光滑的大理石与古老、矿化了的石刻颜色并排在一起;再加上罂粟花、风铃草、金盏花和嫩草等与纯白或泥土色背景所形成的对比,一幅大自然的图画鲜活地展现在眼前。

外形打扮表现一种细腻的凌肌美,唯一算有条理的是那些蝴蝶结和绳线。紧身衣加裙子的搭配讲究层次感。

(2)乡土浓情。灵感来自工人的打扮、农村装束,以实用为主,给人一种风尘仆仆的感觉。

(3)恬逸休闲。灵感来自漫不经意的消遣、游乐,好

▲2000年朱哲灵设计的"乡土浓情"运用的就是二十世纪五十年代东北床单棉花布

▲乡土浓情系列

动而不乏成熟的怀旧之美。

（4）民族风情。灵感来源于印尼、非洲、加勒比海等地方的民族风情，充满野性欲望。

**男装：**

（1）出世绝尘。布料虽然没有女装那般轻柔，但光亮与丝织感同样耀眼。花花公子造型，透明衬衣露出的厘士花纹，令男性似穿起战服的"天使"。他们日间打扮潇洒，夜间宴会消遣时刻仍然显得气度不凡。

（2）乡土浓情。无论是乘独木舟挑战逆流的勇士，还是田间劳动者、休闲时的儒生，他们身上穿的是褪了色的或属于大自然色系的衣服，外形是孱弱书生、社会运动人士、环保人员和行动先锋的混合体。

（3）恬逸休闲。不管是带粉红的米色还是含灰的淡紫，均运用自然柔和的色调来衬托，亚麻、生丝或棉质布料的朴实、简单、宽松的外部造型有别于女性曲线，细节则以19世纪末、20世纪初兴起的古怪旅行家作参考。

（4）民族风情。与女装一样富于节奏感的色彩，轻便的打扮充满1970年代欧洲的风范。有时用世界各国的万国旗作图案，使其活跃好动的青春形象表现出来。

**男装主题：**

＊白领名流。以冷色调作基调，一种高色调及透明质地，给人快

节奏感。

\* 蓝乡寻梦。以蓝绿色作基调，藏蓝、赭石、褐、土黄、绿等，是江南草编、绳索等传统文化在现代生活中的应用。

\* 欣欣向荣。暖色系的酒味红、玫瑰红、黄味的棕红，是宗教色彩在现代服饰中的应用。

\* 山野采风。用热烈的色彩表现休闲郊游的气氛，鲜味绿、旗红、橘红、青莲紫、嫩中黄。

# 十、中式服装闹千禧年

以互联网为先导的 2000 年风暴"炸响"，是如今最热门、最时髦、最前卫的话题。而在这场时髦战中，站在时尚前沿的服装界却刮起了"古色古香"的中式民族风。一个是最现代的，一个是最民族的，两者交错对比，"网络神话"和"服饰童话"在同一个春节的舞台登场，再喧嚣中达至完美的升华。

## 1. 中式改良款式多样

中式服装在近几年时有展现，但 2000 年显得比往年更耀眼，几乎所有的大商场都有中式服装靓丽的身影。那身影似曾相识，又很陌生，各种颜色和款式造型，让中式服装的选择极其多元化。

因为喜逢千禧盛世，2000 年的春节尤为特别。中式服装的流行，除了得益于往日的嬉皮士风、印第安民族风的余热，更取决于这几年流行趋势中提倡的冲突和不协调的观念。不管是穿着时髦长靴的小姐，还是穿着流苏短裙的女孩，都不免要配上一款十足中式味的小袄，或大红的、饰皮毛的立领小坎肩，或有两支黑绒袖的红上衣；还有用细条绒做的连襟、直襟、偏襟镶边的短袖中式袄，直裁法的小立领和小立翻领争相对擂，或许配上一条九分宽口镶边裤更"古典"；还有用针织毛衣配格布的立领盘扣衣裙。这些变异的中式服装或镶边印花或滚边开衩，有机绣边和手绣小花的衣裙，也有2/3对折开衩长裙、不对称三角裙，还有两侧用隐形拉链开衩的直筒裙，可将两侧锁住，婀娜步行。

流苏、饰毛、手工粗犷的刺绣等无不体现了印第安民族风在中式服装中的融合。这种世界民族风的融合，正预示了国际服装界将出现的颠覆局面。这种非同小可的颠覆，包括了运动服饰的设计融入日常生活，或将晚礼服移至日间服装，或将与厚重匹配的靴子转到典雅的中式装里。那些似乎不伦不类的打扮，却成为该季最时髦的造型。

### 2. 红色主题注入新生命

环保、大自然是年年受关注的话题，大家常说："我们只有一个地球，要爱护自然，爱惜生命。"这些很快影响了服装的颜色。红色理所当然地充当了千年之喜、春节之喜的主角：红色团花外罩、红底翠花袄、红格裙装、红色连身毛衫等。也许你觉得穿红色不好看，不要着急，万红之中也有"千紫"气氛：有如热带雨林般潮湿的墨绿，有如撒哈拉沙漠上干涩的沙黄色、沙青色，也有春寒料峭中的点点嫩绿，还有那黄土高原上的泥红色、土黄色、锈红色、铁灰色以及时尚的雪茄色，当然也少不了黑色。但近年的黑色中式服装并非显现一脸的老气和沉稳，因为底摆配上了各色翠花布和莲蓬袖，显得分外雅致。铁灰色的斜方襟上衣也有装饰，像田野中的小花纵横交错着在它上面微笑，各种泥土色的背后都没忘记镶上传统的边饰，把这季的姑娘装扮得美上加美。

中山装、马褂也在男装市场亮相，有墨绿团花、暗红团花的等，只是色彩较为暗淡，以此衬托女士的妩媚风光，象征着春节里团团圆圆，过一个真正的传统中国年。

中式的儿童服装颜色鲜艳，有牙黄色缎面暗花的、红缎子的等，均镶上比本色布深的边，配上深对比色的边襟，在对比中寻求和谐与稳定；如果配上丫丫髻或瓜皮帽，童趣自在不言中了。

这里的中式服装主要是指清末民初服装的变易款式。为什么用"易"呢？我发现我们在西方经济强盛时，我们学习西方文化，或多或少地把自己丢了，丢的是本民族根文明精神。所以在 2000 年伊始，我们希望找回传统，回归内在精神，但似乎有点找不着"北"，因为我们的根丢得太久了，只好在最近的清朝和民国初年找精神，所以这些年《三字经》《弟子规》火了。我们优秀的文化和服饰传统只是这些吗？回过头来看看唐朝以前是什么精神在引领我们，让我们领先世界？所以这里的中式服装只能代表中国文化的一小部分皮毛，而非中国精神的全部！！！

### 3. 中式服装与精神

不同的人穿不同的服装有不同的韵味，这是千古不变的"名言"。然而千年变异的中式服装融进了多种文化，更突出地显现了它的精神风貌。

大红的中式服装穿在染着栗子色短发的女子身上更有"韵味"，除能显示热闹的气氛和热情的性格，还体现了时代精神，所谓酷上加酷。

素色的汉装，配上两条大辫和帽子，显得文静秀气，有一种白领精神的韵味，更适合秀外慧中、外柔内刚的人士，体现了一种文化。

那种正统的中式外罩，穿在摩登女子身上，体现了现代女子挺拔、不屈不挠、叛逆、敢爱敢恨的个性。

小家碧玉的气质，配上紧身的深色镶彩边的立领上衣，有一种极强的现代感觉，使人一改文静的气质，变得仪态万千、风情万种，那是妩媚不凡的精神体现。

各种性格和外貌的女人，穿着改良汉服，显现出自我，显示出一种精神！

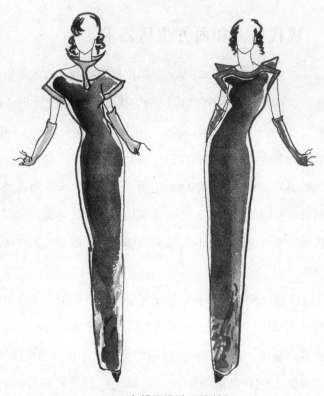

▲朱哲灵设计"旗韵"

# 第四章　阴阳两轮回

## 一、现代东方和西方生活艺术

　　东方风格服饰，吸收了罗马和希腊裙袍、日本和服、中国旗袍、印度莎丽、阿拉伯长裙等优点，从而设计出"蹒跚女裙"。这是一种下摆紧、瘦，一次只能迈一步的"一步裙"。还有受清真寺尖塔结构启发设计的女服：上身细瘦，从腰部以下为层层阶梯式多褶的塔状小短裙，下面则以一步裙收拢，具有婀娜多姿的优雅美感。还有受阿拉伯头巾式无檐帽的启发，设计出的窄沿圆顶帽，与简练的服装相配，把现代和古典美集于一身。

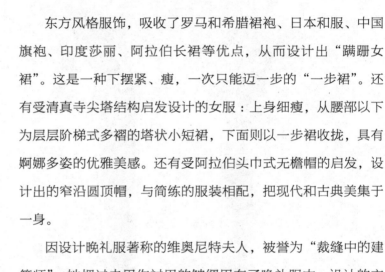

　　因设计晚礼服著称的维奥尼特夫人，被誉为"裁缝中的建筑师"。她把过去用作衬里的皱绸用在了晚礼服中，设计的衣裙紧贴身体，利用面料本身的伸缩性，无开衩而可保持完整，柔美的女性特色脱颖而出。她最突出的贡献是首创斜裁法，在顺丝剪裁的同时，运用倾斜条纹和格子面料经纬线剪裁的方法，突破单一的造型设计，使被称为"软雕塑"的服装具有了竖横纹斜错的活泼动势，成衣观感别具一格。特别是斜裁喇叭裙，其自然均匀的垂褶是运用正裁法无法达到的效果。斜裁法还有另一好处：不使面料的褶子堆积胯部而自然贴身悬垂，裙下端仍然褶皱飘逸，使胯部大的人也能精彩着装，不失风采。

▲软硬相悖斜裁设计，夸张胯部、拉长下身的视觉感。受阿拉伯头巾启发的帽式设计，都是为了加深长短比例的视觉效果

20 世纪五六十年代，法国设计师迪奥颇具影响。他属于大器晚成的典型例子，47 岁以前作为不大，47 岁来到法国里昂，在纺织大王包萨克的资助下，搞起了服装设计。他的女装设计强调肩线圆滑自然，上衣紧身细腰，裙子像喇叭花一样张开。他的女装设计格调高雅，所以老少都喜欢。继承迪奥事业的伊夫·圣·洛朗 1936 年出生，22 岁时推出上小下大的正梯形筒式女服，领导着这个时代的服装潮流。1960 年，伊夫·圣·洛朗又推出上大下小的倒梯形服，强调横宽的肩线，除了女性妩媚外，还增添了一些高贵气质。

▲窗帘式半掐褶

## 二、服装外环境与未来科技

"网络之声"在 1999 年时达到了其发展的顶峰，2000 年底到 2001 年的网络"寒潮"并不能让我们无视其存在，毕竟网络已经进入我们的生活。科技会改变我们的生活是毋庸置疑的事情。

在即将到来的物联网时代，物物人人相联，从幻想的角度讲，我们将来的服装会在另一个星球为人类的呼吸和温饱做贡献。那个时候服装的功能性更强，它看起来如薄薄的雾气，透明且透气，能吸进环境中一切有利于人体的养料，以供人类身体所需。这种服装自身就带有保温粒子芯，虽然薄，但是是双层立体真空式，中间层有粒子保暖成分。外面一遇热，中间层就产生凉爽的气体，使人周身通体凉快轻松；衣服表层一遇冷，中间层便产生暖气流，直通人体，使人备感舒适温暖。衣服的外部造型，将回复到人类的最初阶段：宽松的造型，显出自然的垂褶——衣褶有利于养料的储藏。当然，我们得三天换一次衣服。选择不同的颜色，这样可使着装者在某种程度上释放心中的郁闷或消解情感之结。这些将由迷你计算机直接生成：首先输入人类基因图谱，设计出既定程序，再加入光纤合成物和化合物，利用网络传输，流水线生成布料。服装设计师不再是对服装造型、面料、色彩有把握的行家，而是科学家的集成体。服装将分为两大块：一是大规模的成衣化，裁剪和缝纫无须再有；二是为富有者设计更优秀、功能性更强的服装，机器自动合缝生成，编辑图案花纹……

这些并非无根据的虚构，二十年后，世界服饰的格局将翻开新的篇章。

# 三、剪纸艺术在服装中的应用

贴窗花、挂灯笼、洞房花烛贴双喜剪纸，都是中国民间传统风俗。在中国改革开放的初始阶段，它们曾经被城里人忽略而不用。近年来传统风俗和工艺红遍大江南北，并在原来的基础上改良，提升到艺术的高度。

记得湖北美院有位老师，特别钟爱剪纸艺术，在其绘画和雕塑中也时有体现，并对学生融入了剪纸的作品另眼相看。当然，举此一例是说明：剪纸艺术并非局限于这种工艺方式本身，而是使其融汇在各类艺术形式之中，加以创新。设计师武学伟说："材料是服装设计及其他设计领域不可忽视的重要环节，同时也是视觉冲击力、内心震撼的代言。"他用剪刻皮革改变皮革面料原有的属性、风貌，用镂空图形塑造出一种呈放射状多维立体的艺术氛围，尝试用一种全新的剪纸概念，把民族精神的内涵运用到现代服装形式中。他曾在第四届"兄弟杯"中获金奖。

另一种把剪纸运用在服装中的是图案造型。我们曾经看到过《小二黑结婚》的剪纸造型，也看过民间布老虎的剪纸效果。剪纸有很多种形式，可以任设计者剪刻不同的花形、图案。这些虽与在服装材料上的镂刻不同，但都运用了同一原理。后者是把图案直接用在服装上，起到烘托点缀的作用，属于传统与传统的结合、工艺与艺术的搭配。创意不同，所表达的内涵也不同，形式上更形成了视觉反差。当然，这就是思维与设计手法在同一形式下得出的不同效果。我们要比较这两种设计，合理运用传统文化的精华。

▲ 2000 年朱哲灵设计的蕾丝缕空效果服装

## 四、西画与服装

当立体画派盛行时，有一种部分抽象或半抽象艺术，即把物象简化，概括而成，如毕加索把复杂的牛简化为几条线，马蒂斯在画面上讲求色彩的对比、均衡、变化、谐和。照流行的说法，他们属于"半抽象派"。真正的抽象派创始人是俄国的康定斯基和荷兰的蒙德里安。康定斯基说："一条垂直线和一条水平线连接起来，产生一种几乎是戏剧的声音。""艺术作品的形式本身并没有内容，任何表现力都源于形式。"蒙德里安的画全部都是大小不同的方格子，但他绝不同意他的画是窗户格子的图样，他说："那是我对于人生和宇宙的概念。"蒙德里安把丰富多彩的自然压缩为数学关系，他的艺术是表达宇宙的基本特征的直觉手段。蒙德里安的艺术表现力被服装设计师采用，给予了服装另一种更新的活力与创造力。

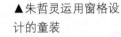

▲蒙德里安窗格子
式绘画

▲朱哲灵运用窗格设
计的童装

▲朱哲灵1992年中央电视
台获奖童装作品之一

▶视幻风
格设计

1940—1960年代最著名的抽象派画家是杰克逊·波洛克，他创造了一种"抽象行动绘画"。他说："在地板上作画我感觉自在多了……绘画画家要进入画里去，进去以后就可以帮助这种生命出现。"他无法解释自己的所作所为，也不知自己的画怎么画出来的。他在中国展出的《构图第十号》，将灰绿、朱红、黑白交织在一起，色彩感觉的配合给人一种视觉的"回声"。服装设计不光是整个服装结构的设计，服装布料的设计是服装设计三要素中极重要的基础，它能大大增强设计的适用科学性和装饰艺术抽象形式美。

## 五、现代服装中的中国画风格

具有悠久历史和优良传统的中国画，在世界美术领域中自成独特体系，国内外服装设计师均对此颇感兴趣。受西洋现代美术影响，今

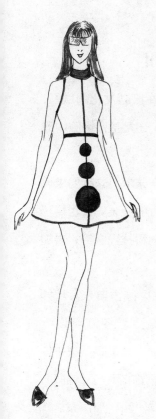

天的中国画有各种风格流派，创新与继承、借鉴与高科技技法等交相辉映，形成了"百花齐放"的局面，借鉴于此的服装设计亦然。

写意的水墨淡彩中国画给人清新、怡爽的意境之美，用放纵的笔触、简练轻松的笔墨写出物象的形神，并抒发作者或豪迈或激荡的胸襟与心情，这种绘画形式多流于服装设计的表面。

比如在丝织的宽松服装上绘半写意的牡丹花，或泼墨荷花，这种服装设计是借鉴中国画的直接方式，缺少内涵与深度。而另一种借鉴形式，是把中国画精神融进服装中，造成整体服装的意境美，服装造型写意得如勾勒的山山水水。恰

▲奥普视觉设计

到好处的留白，淡彩的颜色渐变，抽象的"山清水秀"的装饰物，不修边幅似的苇草随意地放在帽上，使整个系列服装浑如一组气势磅礴的中国山水画，似乎让人身临其境。细细品味，可以领略山水的清秀，聆听潺潺水声、花鸟歌唱。

服装运用了中国画风格，还揉进了西洋画特点，装饰味比纯写意味浓，半抽象、半写意的风格如古老的房子，带给人悠悠的回忆。光滑的青石板

▲律动设计山水在身上、但不显山露水……

路，悠悠地伸向老屋，那上面的人生足迹弯弯曲曲，走过了多少沧桑沉浮。服装造型设计简单，属于直接用绘画作创意，用意境的遐想来描述老房子沉重的过去，对比服装款式的简洁、轻松。装饰绘画与中国画结合，是服装设计中运用绘画的成功例子。

## 六、传统图案在服装中的合理运用

漫漫的历史长河，孕育了灿烂的中华文化。在服装文化领域里，可挖掘的素材异常丰富，不论是古家具上的图案，还是皇帝冕服中的十二章图案等，均在今天的服装中得到体现。

其实服装设计与电影艺术一样，都是一门综合艺术，这就要求设计工作者思维广阔、知识面宽，不仅要了解中西方的服装史，也要了解中西方的其他艺术形式，更要了解当今生活中的科技元素等，再加以创新。

在中国古典家具和园林建筑中，经常可以看到"回"形图案；在中国古代服饰的领子、袖口，也绣有"回"形图案。那么，我们就可以取其精华，把其中的经典部分用在现代服装中，如用在棕色的面料上，使其看起来有一种古色古香的气质，再运用现代造型，夸张服装的下摆，从服装结构到

▲朱哲灵2000年发表在《服装时报》上的文章

图案，浑然形成一种软雕塑的静态"流动美"。

十二章图案中的"黻"古书中称弓形，即两弓相背，表示可以辨善恶之含义。将其用在现代服装中，可以作为扣子和袖口装饰，面对今天纷繁复杂的社会，可谓意义深刻；从另一层意义上讲，在服装的局部作装饰，起到画龙点睛的作用，也是另类服装中的一抹亮色。

中国的"补子图案"盛行于明朝，清朝更是广为使用，成为地位、权势的象征。其实早在唐（周）武则天时，她赐文武官员袍服上绣对狮、对虎、对鹰、雁等，以明示官员身份地位，此举是明清袍上绣补子的滥觞。

现代服装中用"绣、印"图案作装饰的不胜枚举，而把图案运用得气势磅礴的却不多。细心的读者可能会在游玩颐和园或苏州园林时发现长廊的顶部绘有很多装饰图案。在欣赏这些图案时也许你会生出许多遐想，也会为古代工匠的巧夺天工而赞叹。作为一个服装设计师，就会大胆地构思将这些图案合理运用在服装中。

▲装饰印度图案的裙子，用披肩与图案呼应，上实下虚图案在身体上共呼吸。服装中的强调肩和腰的设计

这一系列设计在稳重的黑色调中用相实的图案作点缀，图形虽显华贵与精工细致，图案色彩却呼应稳中求静的变化，更呼应了服装款式设计的大胆洒脱，油然使人生出一种"大漠苍苍"、"俱往矣"的荡气回肠的感觉。

在服装设计作品中运用古画像砖、古汉画及陶艺图案，整合服装的色彩与造型、面料的应用、图案印制的处理，会产生一种古汉画的风格。回头望秦汉帛画，再看古阴阳轮回八卦之术，再看古篆字，浑

然一体再现了中国古代人文艺术史。现代的款式造型在艺术的氛围中显得庄重、古相、大气。如稍作款式修改，运用在生活中，仍然是实用的、优美的独特服饰。

## 七、闲话服装立裁

立裁即立体裁剪，它在英文中称为 Draping，本身的意思是悬垂、披挂、堆成褶状等，也就是直接用面料在人台上披盖、悬挂，通过钉、缝、别、刻画标记、打剪口的方法，塑造出构思中的立体造型。是服装设计师使用布料、人台等载体的综合塑造技术，由此表达和完成设计师的艺术创意。立裁还是把创意变成现实、由平面效果图变成立体的过程。

立裁常用的布，在国外称 Muslin，直译为平纹棉坯布。它的优点是：①经纬纱纹路清晰，容易辨别，而且价格低廉，适合服装造型的试制与开发。②可以用铅笔在布上刻画标记、线条，完成原形布板，这种布板容易保留，多次使用也不易损坏。③可以把布板缝制成衣，在人体上试穿，然后再修改，直到理想为止。

立裁的主要步骤：

（1）备布（Preperation of muslin）

备布应根据所要立裁款式的大小，剪下相应的布块，然后用拽拉整烫的方法，把布丝纱向找正，并在需要的位置上用铅笔画出立裁的辅助线，此时备布完成。

（2）垂平（Droping）

把备布披挂在人台上，采用收省、抽褶、打剪口的方式，保持布的纱向在必要部位垂直水平，或理出想要的造型，用大头针钉住布料，固定造型。

（3）墨刻（Marking）

用铅笔在已垂平好的布料上，刻画出各种部位和缝线标志。

（4）琢形（Trueing）

把墨刻好的布从人台上取下来，根据做的标记，把缝线和剪口精细准确地勾画出来，雕琢成形，产生原形布板。

（5）追影（Taecing）

把原形布板用带针滚轮和制板复印纸转移到另一块布和纸板上，使形影完全相同。

了解了以上基础知识，再纵观全书，从开篇人类原始服饰开始，不就是一组很好的立裁服装画面吗？原始时期人们以自身作为穿衣的"载体"，不用量身、裁剪，任意地围、披、挂、卷、裹、钉。而围披挂钉正是当今立裁的重要元素，不同的是现代穿衣讲求立体造型和个性风格，所要立裁的版形不同，操作手法不同。现代人从多少代人的穿衣经验中总结规律，得出结论：要把衣服做得合体，必须去除腰部

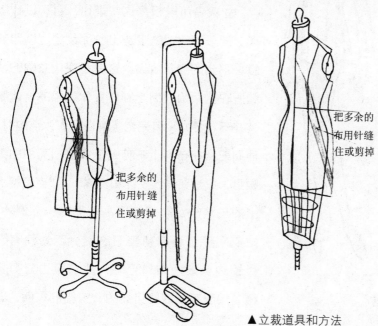

把多余的布用针缝住或剪掉

把多余的布用针缝住或剪掉

▲ 立裁道具和方法

衣料多余的部分。这样就派生出了打省道、拉褶、剪去多余部分等工序，也就是在人体模特上想尽办法去掉不合乎人体曲线的多余布料，让立裁者在立裁人台上实现服装设计的基版。

比如说，一件合体的连身短裙，第一种裁法是在腰的最细部从上到下打上"菱形"省道，这是一种很简单的方法；第二种是从袖笼弧线处向腰和腰下到底摆做"公主线"，剪去打阴影的多余部分再缝合。以上两种方法是平面制版中最常用的，而在立裁上，人们就可以真正做到"服装设计"和"版形设计"合二为一。为什么这样说呢？你在立裁人台上披挂上一块与裙长长度相同的长方形布，在肩处钉紧，从锁骨窝向下（胸正中）画中线，为了去除多余的面料，你可以从胸正中线（腰的正中点到锁骨窝的1/2处）向左侧到胯部画菱形斜线，从腰中钉合多余的布料，然后再托版，在此种制版基础上做另一种制版方法等。

立裁者可以根据这些规律，自行设计版形。同一种款式的服装用多种裁法可以得到意想不到的穿着效果，这就是现代立裁的精髓所在。原始时期想制作立体效果的合体服装并不容易，没有完全了解自身人体结构时，他们无从在布料上下剪刀；要显出美丽的细腰身，只有靠绳线系结和裸露了。"克里特岛上的巴黎少女"却是远古人类的一个例外。她们在手工缝制精美服装时，因为没有现代锁边机处理布料毛边，成衣里边显得粗糙。然而正是这些自然的、粗糙的东西，成

▲1997年朱哲灵设计服装斜三角立裁法的服装

就了今天无数设计师采用"毛边、流苏、切口"等运用古代手法的现代风格。从此不难看出，今天很多东西似曾相识，或曾经流行过，或把过去年代服装款式的精华捻来拼在一起，"设计再消化"，也就是人类时尚的潮流了。

　　立裁的精髓在于多学习、吸收，再消化古代自然、随意的多种着衣方式，在比较和结合中把握裁剪的分寸，懂得裁剪的基本道理，通过平时的积累，做到心中有数。

▲1995年在北京民族大学授课时服饰样稿

# 第五章　璀璨的中西服饰探源

这一章所说的服饰，是指从古至今与服装配套的饰物。服饰艺术是中国文化史上丰富多彩的一页。爱美之心人皆有之，原始人就会利用贝壳、石头等装饰自己。衣冠服饰已超越了物质的功用，而成为维系古代社会制度的重要力量。

服饰制度的产生与演变，除了与经济状况、思想文化、宗教信仰有密切关系外，政权的转移更是一项决定性因素。所谓"改正朔，易服色"，每一个朝代各具不同的风格、特色。正如中国的思想文化汇聚百川的包容力，服饰艺术同样因各民族间的频繁交流、互相学习，展现出千姿百态的面貌。

历代"服志"对帝后、百官服制的记录堪称完备，从中可以看到式样、佩饰、图案、色彩等方面依等级、官品的划分和规定；百姓的服饰规定较欠缺，因而各种器物、画迹、金石碑志、笔记野史、篆刻石雕中的人物形象就成为研究古饰的绝好材料。

## 一、冠冕堂皇

### 1.帽子在中国人心目中的定位

远古时期，在中国人的心目中，穿衣戴帽是有很深的象征意义的。这种观念完全源自中国古老的天地人三才观：人要尊天爱地，遵循它们的规律，社会也有它当下的规则和次第，各司其命、各行其职。帽子作为身份定位的警示，提醒人们时时刻刻不忘初心，做本分之事。

冠、冕即头上戴的帽子。

《墨子·节用》云："古之圣王为法曰：丈夫年二十毋敢不处家，女子年十五毋敢不事人。《礼记》云：冠者，礼之始也。"也就是说，古时男子二十戴冠，女子十五戴笄，在行过冠、笄之礼以后，便算成年，有资格男婚女嫁了。戴冠、冕的重要性，平民与皇家一样，只是各行其职，意义和性质不同。

"冕"是士大夫以上文官的礼服，"弁"是低级武官的帽子。东汉明帝永平三年，朝廷制定了一套冠服制度：皇帝用通天冠，各诸王用远游冠，官吏用高山冠和进贤冠，执法御史用法冠，也叫獬豸（是古代一种能辨善恶的鸟），武官戴武冠，骑士戴术士冠等。

▲春秋战国时期男子冠背面与正面

▲兜帽　▲希腊佛里吉亚帽　▲古罗马男子羽饰钢盔

▲原始时期陶俑戴帽

### 2. 奴隶制时期的古希腊、古罗马、古埃及、古巴比伦帽式

古希腊男子穿斗篷，戴无檐的菌盖帽。还有一种佛里吉亚帽，据说来源于小亚细亚的一个王国的王冠，用柔软织物制作，圆锥形，帽尖略向前俯。后来在古波斯的卫士中流行，再后来这种帽被法国平民喜欢。妇女戴兜帽和尖顶太阳帽，出门时戴各式围巾。

古罗马的男人头发很短，他们在行军打仗时爱戴有羽饰的钢盔。

古埃及由于宗教仪式的规定，也为了清洁，男子剃光头发，女子剪短发。男子戴头巾型帽子，用刺绣装饰的木棉、亚麻和厚羊毛制作；女人喜欢用花作装饰，特别是莲花，因为帽上饰莲花、睡莲象征戴者富有。饰蛇形图案的象征王权。下人有时饰羽毛，穷人戴毛毡帽。帽上的不同装饰，表明了戴帽者的等级和官职。

▲国王便帽　▲古埃及王妃帽　▲国王帽

▲褶形王冠　▲巴比伦国　▲拜占庭时期
　　　　　　王帽子　　无檐圆顶帽

▲古波斯　▲头巾式软帽

古巴比伦的帝王和高官戴高耸的头冠，上面饰一圈小的羽毛，有时镶嵌宝石。在古波斯（位于今西亚的伊朗），男人戴盆形的无檐帽，用毡子制作；国王则戴青白色亚麻布的褶形王冠；卫兵戴佛里吉亚小帽；一般人戴亚麻布的头巾式软帽，下巴和两颊被围巾围住，这也是后来阿拉伯民族的装饰。

各个古国，根据本土的生态特色，用帽子来区分人的身份等级。

### 3. 秦汉时期的帽子

汉高祖规定统治阶层戴长冠，冠高七寸，以竹为胎，用漆涂面。由于胎硬，在戴冠前必先须用布将头发包紧，然后再戴。冠的衬布叫"巾帻"。

中国比西方早进入封建社会，在秦汉时期，华夏服饰已具独到的特色，而西方仍处在奴隶社会时期，只能沿用古代西亚、古希腊、古罗马的帽式。

▲商代玉人头饰和发饰　▲汉代简约丸子发型　▲秦武士髻

▲汉代舞乐椎髻和巾　　　▲汉代丸子头一直沿袭至今

#### 4. 魏晋南北朝和拜占庭帽饰

魏晋南北朝时期最流行"漆纱笼冠"。此冠是集巾、冠之长而形成的一种首服。小冠为前低后高，中空如桥，不分等级都戴。还有一种白纱高顶冠，为天子特用，《历代帝王图》中所画陈文帝戴此冠。

拜占庭男女几乎不戴帽子，只有国王和农民例外。国王戴王冠，农民戴古希腊旅行者、传令兵戴的宽檐毡帽。

#### 5. 隋唐时期中西帽子

隋唐时期最流行的"幞头"始于北朝。初期用一幅罗帕裹在头上，较低矮，即所谓四带幞头，由黑色纱罗做成，前面裹头的部位左右打三个褶，表示天、地、人三才，四带巾中的两条在额上方系结，象征阴阳二仪，另外两带则垂饰在脑后，也就是冠翅和冠脚，衍生为四象。中唐以后幞头定型为

▲汉代文官和武官帽

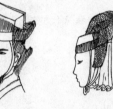

▲宦官帷纱帽

▲唐代及五代史官戴的幞头

▲三国时期诸葛亮戴的皮弁

▲从汉代沿袭到唐代稍有变化的童毡帽

帽子，由原来软而前倾的形式，变为用藤、篾作支架，外包纱罗，并涂饰色漆，两脚仍在，只是有长有短，有圆有方。这就是中国文化之源《易经》在帽子上的体现。

公元395—1453年是东罗马帝国时期，也即拜占庭时期。公元5—10世纪是欧洲文化黑暗时期。西罗马帝国于公元476年因奴隶起义和日耳曼人入侵而灭亡。日耳曼人统治时期，男人戴皮革或羊毛毡制的无檐圆顶帽，女子戴罗马式佩拉（Palla）即包裹式头巾。男女皆留长发，长发是自由的象征。

▲宋代的帽子

## 6. 宋元与罗马式时期的帽子

宋代的幞头又有奇特变化，变为冠翅平展的朝冠。据说此冠可以防止大臣交头接耳，以振朝威。

元朝帝后画像中，后妃的罟罟冠、博浪儿发式、四方瓦楞帽颇具异域塞外风采。官吏所戴的帽子不外乎三种：皮暖帽、笠子帽及四方瓦楞帽。元室兴起于大漠北边，常使用兽类皮毛如银狐皮、银鼠皮、紫豹皮等制帽裁衣。元代服饰中异域特色与中原文化相融合，后来四方瓦楞帽演变成六合一帽。

罗马式时期，帽子主要继承拜占庭时期王冠式。妇女都戴用丝织物包缠或卷成各种圆形的帽子，并用填充物塞出丰富的造型，有时用带有珍珠的网状饰物一圈圈绕在帽上或头发上。王后和国王戴有非常精美豪华的饰物的皇冠。

▲12世纪天鹅绒高顶翻折女帽

▲13世纪特库帽

▲15世纪白亚麻头巾帽

▲14世纪男大檐帽

▲高顶男小檐帽

▲天沿高筒帽、外罩铁丝撑起的多角面纱

▲翻卷毡帽

▲15世纪天鹅绒无檐帽

▲饰孔雀毛毡帽

▲15世纪鸡冠头巾帽

▲红白相间亚麻头巾帽

▲15世纪双角亨利帽

## 7. 明清时期中西帽子

明朝几种有代表性的帽子是：乌纱帽、四方平定巾、网巾、六合一帽。"乌纱帽"代表官吏阶层，来源于唐朝的幞头，两脚向脑后方交叉。北京定陵出土的明皇帝戴的金丝冠，便是此种造型。"四方平定巾"是一种黑色纱罗制成的儒士便帽。杨维桢入见明太祖，明太祖问其冠名，听说叫"四方平定巾"，遂颁布天下，凡戴此巾者，服饰可随意。"网巾"是大众首服，据说由明太祖提倡，以落发、马尾棕编制而成，用总绳收紧头发，男子成年时戴，也用于冠帽中的衬巾。"六合一统帽"俗称瓜皮帽，是市民日常所戴，至今也有老者戴。

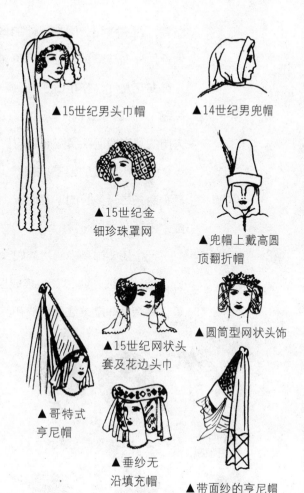

▲15世纪男头巾帽

▲14世纪男兜帽

▲15世纪金钿珍珠罩网

▲兜帽上戴高圆顶翻折帽

▲15世纪网状头套及花边头巾

▲圆筒型网状头饰

▲哥特式亨尼帽

▲垂纱无沿填充帽

▲带面纱的亨尼帽

清朝最有特色的职官首服，有冬天戴的暖帽和夏天戴的凉帽，比之前代的帽式要单纯多了。由元朝的四方瓦楞帽演变成的凉帽，系草秸编制而成。此草生长在东北，草高而有韧性，白色中空，满语称"得勒苏"，清廷称"玉草"。到了冬天，用薰貂、紫貂皮毛等材质制成暖帽，帽檐上翻，在帽上铺饰朱纬。两种帽只以帽顶的顶珠变化来区分官职。清代男子的便帽仍是六合一统帽，取意天地四方统一。用红绒结顶的帽是非常尊贵的，除皇帝、皇太子外，非赐不得使用；到清朝中后期，则人人皆用。八旗子弟还在帽顶后面垂饰一束尺余长的丝线红缨来增加美感。光绪年曾有写便帽的诗："瓜皮小帽趁时新，金锦镶边窄又匀。头上如何无寸穗，怕人说是游惰民。"可见当时人们对这种饰穗的看法。

钿子是满族贵妇在盛典上戴的礼帽，形状前高，顶后倾斜，状似覆箕，通常搭配吉服袍，外加青缎八团纹饰的外褂。钿子以铁丝或藤为骨，外面裱黑纱或红绒，再缀上各种珠玉、翠石做成的钿花。通常凡饰钿花九片，并在钿子前后垂旒苏的，称"凤钿"，相当于汉人戴的凤冠；饰钿花八片称"满钿"；五片称"半钿"。钿子是由辽、金老妇人用的"玉逍遥"演变而来的。

妇女秋冬戴的帽子，帽檐上仰，顶部刺绣，用金或珠宝装饰，帽后垂两条二尺多长的下宽而锐、似男人领带的飘带。这种帽叫"坤秋"或"困秋"。

大拉翅头饰是晚清贵族妇女典型的头饰，又名"宫装"，是一片由青色的纱、绒、绸、缎包裱成板状的帽子，其上饰珠宝、花朵、簪钿等，两旁垂珠旒或红穗。清初其状稍低，因形似如意，故名"如意头"或"二把头"。

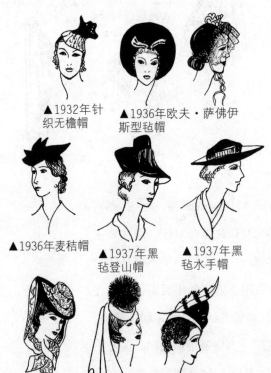

▲1932年针织无檐帽　▲1936年欧夫·萨佛伊斯型毡帽

▲1936年麦秸帽　▲1937年黑毡登山帽　▲1937年黑毡水手帽

▲1940年黑天鹅绒边饰水手帽　▲1939年斯吉帽　▲1939年白毡卷边海狸毛帽

### 8. 公元 12—15 世纪的哥特式时期

帽子的式样相当丰富，有阿拉伯式围巾软帽，只是因绕缠和缝制的方法不同而形状各异。另一种男子包头巾式帽子，叫"鸡冠头巾帽"，因一头饰布在头上绕堆成鸡冠样造型，另一头垂下作饰布或围在脖子上当围巾。

倒扣的花盆式男毡帽，帽顶有圆有尖，有高有低，有时插上羽毛作装饰。

平顶无檐的特库帽，用白亚麻布制作，用一根宽窄不同的布条系在颌下。

一个叫安尼的贵妇戴着自己设计的"安尼帽"，其帽尖顶高耸，并罩上薄纱，从帽前后垂下，遮在脸上。还有各种造型不同，但同样用纱作饰的帽子，其纱在脸部周围形成优美的褶皱和飘忽不定的阴影，使女人更有一种含蓄的神秘之美。这是因为受宗教仪式的限制，妇女得戴覆盖头巾入教堂，未婚女子戴头巾面纱，以表圣洁。总之，这时期帽式的尖顶高低不等，与哥特式建筑无数高耸入云的尖塔同出一种思想和审美观。

▲1949年毡制无檐小帽

### 9. 公元 16—20 世纪的欧洲资本主义时期

17 世纪的英国，男子一般戴宽檐平顶的黑礼帽，帽上无任何饰物。

法国巴洛克式时期，男子戴插满鸵鸟毛的宽檐帽，有的帽檐向上翻卷，有的平直，上面除了饰羽毛外，还装饰金银纽扣和饰带等。女子除了戴与男子一样插饰的宽檐帽外，在参加丧礼时还戴一种黑丝网罩。网罩边缘用金属丝穿上而支撑竖立，使罩内形成一个立体空间，更增庄严肃穆感。

▲1906年黑羽饰麦秸帽

▲1903年花边帽

▲1903年天鹅绒帽

18 世纪的法国，男子很少戴大而华丽有羽饰的帽子，一般戴把帽檐翻折成三角形的"三角帽"，或夹在腋下。女子戴大沿有饰带和花形装饰的麦秸草帽，外出骑马时戴男式三角帽，还戴带有小饰边和饰带的头巾式白麻帽。18 世纪末，大沿低顶的田园风格贵妇式草帽及前沿很长大而无后檐或后檐很小的帽子流行。从瑞士陆军那里传来的

▲1901年麦秸草帽上装饰蔷薇

▲1902年旋褶雪仿绸帽

▲1905年毡帽

▲1909年黑羽饰麦秸帽

▲1916年翻边长毛绒帽

▲1917年翻折毡帽

▲1919年黑绢水手帽　　▲1920年天鹅绒两角帽　　▲1927年毡帽

▲1925年黑丝绒礼帽　　▲1928年毡帽

两角帽在男子中流行。此帽是把帽檐从两边翻折，在左右形成角。此外还有"荷兰帽"、英国"骑士帽"等，这两种帽最初是仆人和平民戴的，后来为贵族所喜爱。

19世纪的法国，最初男人流行高顶小缘礼帽，用海里呢、长毛绒、绸绢和爱秸制作。1823年，法国人基比发明了可折叠的凹形顶帽子，便于携带。19世纪中，帽顶变得较低，帽檐再次大起来。由英国首先发明、德国制造的软毡帽在19世纪末的欧洲很流行，其形为帽边呈横向S形卷曲状，高低适度的弧线形帽顶有纵向的凹形。女子帽式呈复古式，各种无边女帽上装饰长饰带、花结、羽毛、假花，飘带尾端剪成燕尾状或锯齿状，大帽子里再戴无檐花边软帽，显得风雅浪漫。19世纪末，无檐小软帽为家居时所戴，多为老妇人使用；女子一般戴加饰华丽装饰的小檐帽子，或从帽顶罩下面纱。

▲1956年海狸毛无檐帽　　▲1956年天鹅绒大蝶形帽　　▲1956年白貂高顶无檐帽　　▲毡制旅行帽

▲民国马褂瓜皮帽　　▲民国西装革履、戴礼帽男子　　▲民国穿中山穿戴遮阳帽男子

▲高级毡帽　　▲1947年宽　　▲运动帽
　　　　　　沿巴拿马帽

▲鸭舌帽　　▲1953年运　　▲1958年遮阳帽
　　　　　动遮阳帽

　　取消了封建社会服饰禁制的民国时期，中西文化交融，使得服饰式样变得丰富多彩，例如：①地主、富农阶层多穿长袍马褂，戴瓜皮小帽。②那些洋务工作者及激进青年穿上了西装或长袍，戴上了礼帽，既不失传统的彬彬有礼，也有潇洒正统的庄重气度。礼帽为圆顶，宽帽檐微微翻起，冬用黑色毛呢、夏用白丝葛制作，一直沿用至今。

　　学生和士庶百姓戴鸭舌帽或白帆布阔边帽。女子帽式多姿多彩，上流社会的女子受西方文化影响，参加晚宴等着晚礼服、旗袍，戴花边帽，由帽上垂下网纱遮面。现代帽式形状各异，变化无穷，帽厂设有专业设计师。

　　20世纪的欧洲，帽式造型各种各样。最初女子仍在帽上罩面纱，坐上敞篷车，以防风沙。后来户外运动增多，有紧口的贝雷帽、小巧玲珑的歪戴在头上的装饰帽、长舌帽、紧包头的小圆顶帽等。再后来帽式造型更加简洁，也有一些饰物，但没以前那么繁华、刻意。人们已经习惯大多时候不戴帽子，所以服装设计师配合服装设计新式帽子，主要在帽子的色彩和造型上下功夫，使其实用、方便。

## 二、足下生辉

原始人最早是赤足而行的。人类不断进化，为了防御风寒、避免荆棘石块伤害，设法就地取材，制成了鞋袜。最初的鞋是块兽皮，裹在脚上，就是狩猎民族的皮靴。各民族依自然条件制鞋，南方多赤脚穿草鞋，四川穿竹鞋。

夏、商、西周、春秋战国时，鞋袜已经成为不可或缺的服饰品，原料有麻、葛、草、皮等，有双底鞋、单底鞋，有装饰鞋头的等。这时期的鞋称舄、屦、履、扉。

舄：指礼仪上穿的鞋，为双层底，木制灌蜡，以防潮保暖，又可使人体比例增长，显得高大。

屦：平时所穿的鞋，单层底。《世本》载："于则（黄帝的臣子）作扉屦，草曰屦。"可知屦在黄帝时已有了。当时的人穿的屦，是根据服色而定的，穿黑裳着黑屦，穿赤裳着赤屦，与服色协调统一。屦的翘头装饰上有鼻，与今日农村草鞋翻卷上去的形式相似。

▲布履和草履

▲丝履和木履

履：形似船，用皮制成，有带系住。履在礼仪场所穿，入室先脱履，因在户内席地而坐；若穿履入户，则为失礼不尊。

扉：《释名》曰："齐人谓韦屦曰扉。扉，皮也。"用皮做的鞋叫扉。

### 1.秦汉时期中外鞋子对照

汉代的鞋以原料质地取名，有皮履、丝履、毛履、麻履、草履等种类。汉履形体宽大，质地粗糙且硬挺，为方便行走，穿着时必

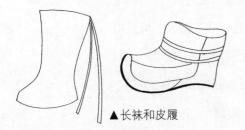
▲长袜和皮履

须系带。此外厚底鞋、木屐、长筒皮靴在汉代也很常见。

某定程度上鞋是古埃及人最贵重的服饰，旅行时他们常提着鞋赤脚行走，到目的地再把鞋穿上。用纸莎（Papyrus）、芦苇、棕和皮革做成的"桑达尔"——凉鞋，是身份高贵者的专用品。他们习惯赤脚，常让侍从为自己拿着鞋。

古希腊的鞋是木底和皮革底的凉鞋，还有用皮革条编成的或皮革透雕的凉鞋，一般为平底，妓女用高底鞋。男鞋颜色为自然色或黑色，女鞋为红黄绿等鲜艳的颜色。古希腊人在室内都赤脚，外出时才穿鞋，下等人和奴隶在室外也赤脚。士兵和猎人主要穿长及腿肚的长筒靴。

古罗马人在室外都穿鞋或靴，在室内穿类似拖鞋的轻便凉鞋。贵族们常在鞋上装饰宝石，罗马皇帝埃拉伽巴路斯（公元218至222年在位）穿过装饰钻石的鞋。当时曾出现过另一类"红色高跟鞋"，令保守元老院十分恼火。

### 2. 魏晋南北朝和拜占庭鞋

晋以前的妇女穿圆头履，男人穿方头履。晋时期男女都穿方头履。

拜占庭的鞋明显受东方文化影响，男子一般穿长至腿肚的长筒靴，紧身的裤子套在靴子里。贵族女子穿镶嵌宝石的浅口鞋。

▲拜占庭时期的鞋

### 3. 隋唐时期中西鞋子式样

唐朝的履先后出现了高头履、平头履、小头云形履、花形履等繁多式样。穿履先穿袜，有粗质地的布帛袜、柔软的罗制袜。唐朝贵族男女冬天用毡履和六合靴，这是胡鞋的一种，便于骑射。

▲16世纪欧洲贵族花盆鞋

女子缠足始于五代的南唐，由李煜发明设计。周后穿着小鞋舞于堂前，李后主认为更加婀娜多姿，并广为推广。据说李后主被宋朝第二位皇帝赵光义用药赐死时，抽痉卷曲而死，恰恰像小脚鞋的模样。这种为美而美、伪造的美对人体的摧残极大。

欧洲文化黑暗时期日耳曼人的鞋子很简单，是鹿皮靴和束褶便鞋，也有木底生皮靴子，靴长及膝，饰有美丽的花纹。

### 4. 宋元与罗马式时期、哥特式时期的鞋子

宋代男子习惯穿布鞋和皮靴，冬天有加絮的暖鞋，夏天有草编的凉鞋。女子裹足，其鞋以绣花鞋为主，颜色鲜艳。劳动妇女有天足，鞋有草鞋等平头、圆头鞋。

元朝鞋沿袭宋朝，少数民族多穿长筒皮靴。

罗马式时期男子爱穿尖头鞋，有点像舞台上的小丑鞋。女子穿软底鞋或厚底鞋等。

哥特式时期，无论男女都穿透气的软皮革尖头鞋。男鞋颀长尖削，以尖为美，以长为贵，这与尖尖的山羊胡须、高耸的安尼帽相协调呼应，是基督教精神在服饰上的反映。男鞋的尖头长度按等级有不同的严格规定，据说王族的尖头鞋是脚长的两倍半，爵士为两倍，骑

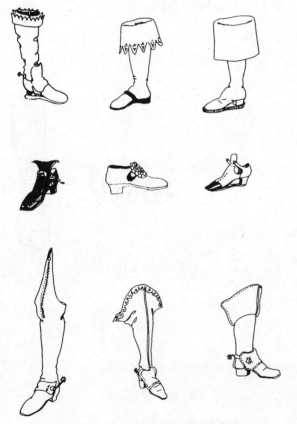

▲罗马式、哥特式时期欧洲鞋子式样

士为一倍半，富人为一倍，平民只是脚长的 1/2。为了让细长的鞋尖挺起，里面塞有填充物。过长的鞋尖有碍走路，在尖端安上金银锁链，另一头系在鞋帮上。有时为保护柔软的鞋底，在户外活动时要套上特制的鞋套和拖鞋。还有一种软木的厚底拖鞋，底厚 215 毫米，这是下世纪高跟鞋流行的前奏。

### 5. 明清时期中西鞋子式样

明万历以来，男人开始用油墩布袜；嘉靖年间，流行穿镇江毡袜。官员们以云头履和靴为规矩，儒生则以双梁跂鞋为体面。庶民的蒲草鞋和牛皮直缝靴最普遍。

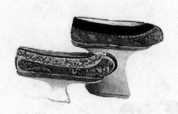

▲16世纪清朝贵族花盆鞋

清初，正是 17 世纪中叶，法国正流行高跟鞋，当时满族旗女的花盆鞋的出现，就受到了国外贡品的影响。尽管高跟鞋的出现时间可以追溯到基督教诞生之前，但它成为一种普遍的时髦是 16 世纪，推广它的是美第奇家族的凯瑟琳。她出生在意大利佛罗伦萨的显赫家族，因为个子矮小，在巴黎与亨利二世结婚时，她带去了高跟鞋，穿在结婚典礼上轰动一时，于是全欧洲的鞋匠全力仿效。很快高跟鞋变成了贵族地位的标志，很长时间平民没有资格穿高跟鞋，就像清朝的高底花盆鞋也是宫廷享受之物。欧洲的高跟鞋越变越奢侈，人

▲现代仿17世纪鞋

▲现代松糕鞋

▲现代镂空高跟鞋

▲16—17世纪欧洲鞋子样式

们给它覆上鲜艳的丝绸，嵌上名贵的宝石，有的一双价格竟达 10 万美元。法国国王路易十四是高跟鞋迷，也是今天路易鞋的创始人，他让著名画家在他的高跟鞋上画上风景人物画。有同于我国喜欢小脚的国君，病态地对小脚鞋爱不释手，以至小脚鞋也花样百出。

世界上最罕见的鞋，要算慈禧的珠履了，它们全部用珍珠做成。传说溥仪继位时，小德张得了一双慈禧穿过的珠履，光制作费就耗去 70 万两白银，大可与欧洲宝石鞋相媲美。

民国初年，高跟鞋在职业女性和上流社会妇女中较流行，一般人穿平底布鞋和皮鞋。

# 三、云鬟金冠玉步摇

### 1. 原始时期中外发饰

根据现存最早的彩陶上的头像，古人的发式造型是披发和打结，它虽然简单，却方便、静雅，体现了忙碌的人们十分崇尚的朴实、优雅的艺术作风。我国仰韶文化的彩绘头像与古埃及的披发式样相近。

战国时期出土的帛画上，有全侧面的方额平梳、后垂发髻的女人像。楚俑头部是打结后，垂下发梢的样式。

我国先秦时期男女多留长发，成年以后将长发向上挽起，聚结于头顶或脑后，用一根类似锥子的物件别住，使其不易散开。此锥形物慢慢发展成为束发专用的笄。

为什么要在脑后打一个发髻呢？

《黄帝内经·上古天真论》里说："昔在黄帝，生而神灵……幼而徇齐。"也就是说当小孩没有欲望的时候，他的整个生命的感觉、知觉状态处于一种无为天真的状态，生长速度非常快。从一个受精卵开始，七天之内会分裂出若干个细胞，再过七天又分裂成若干个细胞，仅仅十个月时间（其实是九个月）就完成了数十亿年的进化。由原始生物进化成人，经历了数十亿年，可是一个小生命只用十个月就出来了，速度快得连我们自己都想象不到。女孩子12岁之前，男孩子14岁之前，整个身体处于无为状态当中。如《天龙八部》中降龙十八掌第一掌叫"潜龙勿用"，12—14岁之前的女孩、男孩属于"幼而徇齐"，也就是"潜龙勿用"阶段。整个这个"龙"，就如运动的心肝脾肺肾五行图，形成一条龙。身体状况由于没有感觉和直觉支配，所以属于无为的、和谐的状态。小孩子不是说喝牛奶就可长高，以中医来看，有很多小孩不宜多喝牛奶。其实只要食用正常可以吸收的，小孩子的身体自然会发生增长，增长得非常快，而且是非常干净的、整齐的快速增长，因此叫"幼而徇齐"。徇有两个意思，即干净的，快速的。齐就是长，一个月不见，哟长高了，半年不见，呼这么高了，大人就长不了了。男孩子14岁以后，基本上就长得很慢了。从"潜龙勿用"开始变化到降龙十八掌第二掌"见龙在田"，女孩子12岁、男孩子14岁，开始知道自我身体里的这种变化。古代女孩子14岁来月事，男孩子有性特征发生。性的特征从整个"潜龙勿用"到"见龙在田"只发生了一个事情——那就是心生出了"性"。"潜龙勿用"从卦象上看有几个阶段呢？属于"生而神灵"状态的第一卦是乾卦☰，当生出"性"来时，乾卦第一根线断掉了，由阳变成阴了。第二根属于 14—16 岁一直到 30 岁，叫"见龙在田"。古人有句话叫"三十而立"，进入"长而敦敏"。"见龙在田"的意思是说：我得干活，我得到外出寻求一些东西，去找到我要的东西。因此他会努力地学习，努力去打拼，开始建立家庭、事业，长到一定程度了，开始知道很多礼节了。敦为憨厚，敏是礼节。知道礼节以后，第三根线又断掉了，他又开始去寻找（每过七年断掉一根）。女人七七四十九以后有一个变化的"象"，月事没有了；男人八八六十四叫"更年期"。男人 14 岁心生的"性"，开始走向一个变化，叫作"敏"，强调的那是"节"。所谓的"敏"是古人头顶扎的"发节"，表示我成年了。这个时候有一个灵体在身体中萌动，头顶上扎节，叫"字"，就是男孩变成了男人，必须有名还有字。所谓的"待字闺中"，这个字就是女孩子可出嫁了，等待那个成年的男子"字"来提亲。当长到敦敏时，对外收敛，所有的行为都会受到约束，知道礼节是什么。然后"成而登天"，如果你真的知道了，你就开始往回看，所以看到有一个状态——时间和空间。中国老祖宗非常注重时空观……

插笄起初是为实用目的来展示生命成长的内涵，后来演变为一种发饰起到了纯装饰作用。殷商墓葬中就发现许多骨笄、玉笄等。古时用笄也有讲究，固发和固冠之笄不尽相同，固发的男女均有，固冠的男有女没有。笄由身和首组成，笄身长短不一，多为圆锥形，也有方锥形、三棱锥形、扁圆锥形、扁平古琴式。笄首在佩戴时露出发髻，一般笄首磨成球形、斗笠形、刀形、方铲形等，制作精致的笄首雕刻着兽、龙、花朵对鸟、并头鸟，在鸟眼上嵌小松石，汉代的金雀钗就从此发展而来。

古代波斯、巴比伦多为卷曲短发或披肩长发，发式简洁，但不失妩媚与洒脱。古埃及人爱整洁，把头剃成光头，再佩戴上各式假发。我国在周代就有假发的装饰，称为"次"。

### 2. 秦汉时期中西头饰

秦汉时期，女人的发型较前代增添了许多花色，大部分采用露髻形式，左右平分梳理，不戴帽，也不包帕。汉代的插步摇高髻是高髻的代表，贵族中十分流行梳高髻。

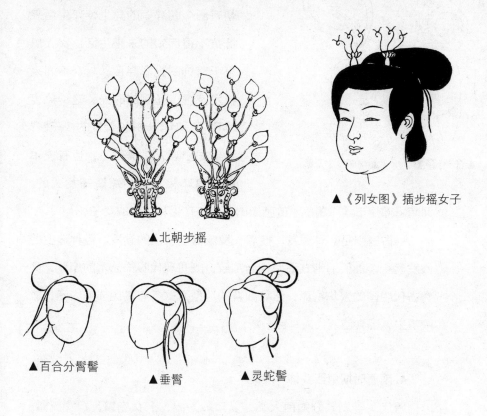

▲北朝步摇

▲《列女图》插步摇女子

▲百合分髾髻

▲垂髻

▲灵蛇髻

汉代普遍用金、银等金属制成双股或三股的发器，叫"钗"。金爵钗是汉代妇女流行的头饰。金爵钗即金雀钗，图绘形象在顾恺之的《女史箴图》中反复出现。

汉时还用步摇发饰。清王先谦集解《释名》曰："步摇上有垂珠，步则摇也。"步摇均在金、银、玉等钗上垂珠，行动则摇摆，故叫步摇。

### 3. 魏晋南北朝和拜占庭头饰

魏晋南北朝时期，由于战争频繁，国换其君、城易其主都是常事，所以皇宫中姬妾成群、随军妓女蜂拥的风气盛行。男人似乎要用"今朝有酒今朝醉"的醉生梦死生活来抵抗不得而知的未来生活，女人热衷于首饰的光彩夺目、与众不同来打发空虚、无聊的时光。这种热衷导致了发型高大并设假发的"蔽髻"大发式出现，以诱男主，也有梳单环、双环和丫髻、螺髻等发式的。

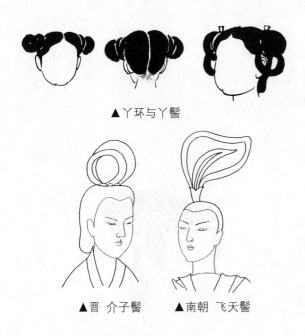

▲丫环与丫髻

▲晋 介子髻　　▲南朝 飞天髻

河南省邓州市学庄墓出土的画像砖上有梳环髻和丫髻的女子。

拜占庭则是齐耳短发、披肩长发或盘于头顶的卷发、各种造型的假发盛行。他们的帽式造型相当别致，既有现代服饰艺术的摩登，又有古代中国的繁华绚丽，然其独特的造型方式各有其民族的内涵，放眼望去，都会使现代人耳目一新。

### 4. 隋唐时期中西头饰

唐代女子发式分为两大类，以年龄为界，少女梳鬟，妇女梳髻。唐代妇女发髻的种类，据段成式《酉阳杂俎·髻鬟品》及其他书记载，有半翻髻、回鹘髻、愁来髻、归顺髻、闹扫妆髻、盘桓髻、惊鹄髻、抛家髻、倭坠髻、百合髻、坠马髻、百叶髻、螺髻等。唐朝的高髻、假发风行，品目繁多。

　　唐初的贵族妇女喜欢梳高耸的发髻，以假发作发饰，前后插金玉步摇，两鬓缀满金翠花钿。白居易《长恨歌》中的"云鬓花颜金步摇……花钿委地无人收……翠翘金雀玉搔头……"就是最好的描写。插梳习俗始于盛唐，一直流行到晚唐，梳用金、银、犀、玉等为材料，头上插四梳、六梳、十梳不等。妇女还用罗帛制作成各种花样，满罩在头上，叫花冠。

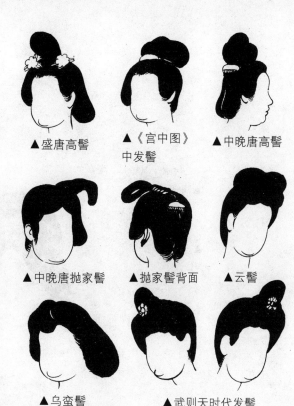

▲盛唐高髻　　▲《宫中图》中发髻　　▲中晚唐高髻

▲中晚唐抛家髻　　▲抛家髻背面　　▲云髻

▲乌蛮髻　　　▲武则天时代发髻

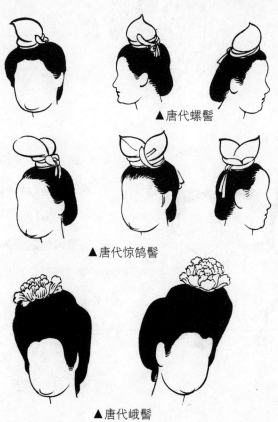

▲唐代螺髻

▲唐代惊鹄髻

▲唐代峨髻

▲唐代金钿

▲五代宝钿

▲长脚花钿

▲唐代金箔花钿

唐代高髻饰物和步摇

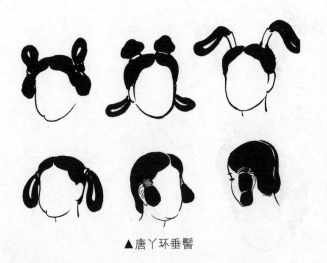

▲唐丫环垂髻

### 5. 宋元与罗马式时期头饰

宋代妇女沿袭唐制，保留了唐、五代时的一些发式特色，只是风格趋向端秀。宋代妇女喜梳高髻，高髻需要的饰物多而奢侈。几经皇上禁止，但还是久盛不衰，并有新发式出现，如芭蕉髻、龙蕊髻、大小盘髻、盘龙髻等。

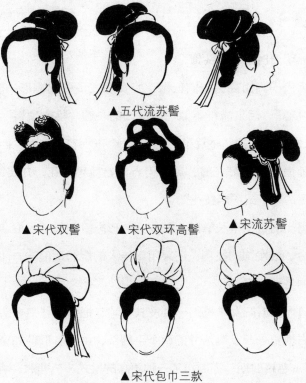

▲五代流苏髻

▲宋代双髻　　　▲宋代双环高髻　　　▲宋流苏髻

▲宋代包巾三款

　　元代有爵位的蒙古贵族妇女戴高高的"罟罟冠"，此冠用铁和桦木制作，外糊绒锦，并嵌上珠玉。元代南北所用发饰各有区别，北方沿袭北宋的汴梁旧俗，南方沿袭南宋临安旧俗，南有凤冠、花髻、披梳、鹤顶梳、桥梁鬓钗等，北有包髻、掩根凤钗、竹节钗等。

　　元代男子发型特殊，头两旁用发辫各结一环，额前垂一小绺头发做成桃子型，这是元代蒙古族男子的通常打扮。元代南北方的女子发式有区别，北方沿袭北宋汴梁流行的云髻；南方袭南宋临安的旧俗，以盘龙髻最流行。

　　公元 12 世纪中后期，受宗教影响，西方女子的头发均深深藏在贝尔服的下面。12 世纪后半期，女子辫两条长长的发辫长垂至胸前，有时在发辫中辫进假发或丝带，起到装饰作用。男子留长发，后来曾一度剪短，不久又流行长发。12 世纪末，贵族们又把长发剪短，并烫成卷，用缎带系扎起来。

### 6.明清时期中西头饰

明代崇尚由高髻走向低髻，妇女发式多梳圆褊形，顶部插宝花，称"桃心"。后来流行不佩任何发饰的长圆"桃心顶髻"和"鹅胆心髻"。发髻后垂的"坠马髻"，旁边插金玉梅花一二对，西番莲簪二三对，前面用金丝灯笼簪，后面用点翠卷荷和翠花，并装饰珍珠数粒，称"鬓边花"或"飘枝花"。

明代的簪多呈长窄而头圆或方的形态。明代不仅沿袭唐、宋以来制作金、银发饰的技巧，还采用新传入的烧烤珐琅的方法，制成色彩丰富的各种发饰。

清代满族妇女常梳的一种发式称"二把头"。"二把头"是在头顶梳左右横宽一尺、高八寸的两个平髻头，由于其形似如意，又称"如意头"。慈禧时期，还制作了一种更高的髻式。梳理时，将前额的头发向脑后梳顺，再平分两股，经过反折加黏液，压平呈扁形，再向上翻，将余发反折到头顶，两股合成一股，用布条缠紧，再将板面放在头顶，用余发和板面固定，成为 T 形的大拉翅。

满族妇女为了将旗头装饰得更华丽，除了戴类似笄簪的长条形扁方（扁方一头做花朵形轴，可盘丝穗或垂珠旒，用来支撑头发），还戴各式簪、钗、步摇，这些饰物上还寓含各种吉祥话语，如麻姑献寿、吉庆有余等。旗头上还有一种单挺的耳挖簪，簪头上有耳挖形，有的耳挖有挖耳的功能，有些单纯起装饰的功能。

平民女性仍沿用明代的发饰，但逐渐简单化，发式常在顶部绕成螺旋式，即"杭州攒"。扬州流行"蝴蝶望月"、"双飞燕"、"八面观音"等发式。中老年人梳盘在脑后的髻，叫"纂"。在纂上插金银花、小簪等，或用黑缎做成直径约三寸的窝面罩上。清末，受西方文化影响，妇女用卷发工具使前刘海呈隆起状。民国以来，男女发式大多已西式化了。

13 世纪后，西方男女假发盛行，造型多样，装饰奢华。15 世纪女子有齐耳短发，盘头耳边留穗的造型，还有心型造型发式等。17 世纪男子流行不对称发型，短发、披肩发也随处可见，假发仍很盛行。

法国路易十五时期（1715—1774），男子在巴洛克时期披散在两肩和身后的蓬松卷曲的长大假发消失了，新式假发用不同方式整理收拢，如：编成一两根辫子用饰带在尾部系扎，称"豚尾式"假发；另一种是在脑后把辫子放进黑色面料做成的口袋里，口袋像鸽子尾巴，上面还有小蝶结，称"袋式或鸽尾式"假发。18 世纪初，流行假发白色，中期流行灰色。到 1760 年代，有人开始不戴假发而把自己的头发做成假发状。1770 年代假发逐渐被淘汰。

18 世纪末，女子的高大发型已不存在了，但仍保持各种形状和名目的卷发。男子中有人模仿古罗马英雄的发式，理着很短的"布鲁特"发型。这种短发一直存在并流行，它能使男子的阳刚之美显露出来。

19 世纪初的女子梳古代希腊罗马式发型，一般向后梳成发髻。

19 世纪中期女子又兴起"圣母式"发型，这种发式用粗眼的发网把头发包拢。发网成为女性喜爱的饰物。也有人把头发向上梳成高发型，有的把头发拢在脑后垂下做成卷状。

民国初年，女子流行刘海式圆发髻、东洋式中分刘海头，梳一条大辫或单盘髻、双盘髻等。1930 年代流行短发梢卷成花的发型。"文革"期间一般是齐耳短发。

▲1930年以后现代发式

## 四、春葱玉指巧装点

喜好装扮的人们，几乎在全身各处配上饰物。距今五千年的大汶口文化，曾出土三件骨质戒指，都是小环式。汉代的戒指都是金属制，在新疆出土的镶嵌宝石的金戒指是西汉之物。广州东汉墓出土的金银戒指，有刻人面像的、刻人名的，有嵌琥珀、宝石等的。

我国出土的玉戒指，最早于隋代墓发现隋朝李静训墓出土了玉戒指、金戒指，都是小环式。

戒指又名指环、手记、约环等。《晋书·四夷传》记载大宛的风俗时说，结婚之前，男方须先以金同心指环为聘。今天的结婚礼仪，便是受此传统的影响。

女性除了用戒指来美化手指外，还戴指甲套来装点指部。指甲套的历史比不上戒指久远，隋代李静训墓出土了十个银指甲套，形状似钦拨，保护指甲的部分是扇形，底部是一个银圈。

清朝后妃爱蓄指甲，指甲太长又容易断，必须戴指甲套保护它们，于是各种质材的指甲套纷纷问世，花纹与嵌饰也是绝顶精工、巧妙。五彩缤纷、典雅逸丽的造型，使指甲套成为深受喜爱的装饰物。据说，慈禧喜欢戴指甲套，常右手三指或五指戴指甲套，左手两指戴玉指甲套，各长三寸，五指上戴宝石戒指，手腕上戴翠玉镯，透着珠光宝气。

妇女可戴戒指，清朝的男子也戴扳指以装点大拇指。扳指，也叫班指或梛指，短管状，外壁可雕刻花纹和诗文。它是从古代男子射箭时戴在右手大拇指上钩弦的"珮"演变而来的。台北故宫博物院珍藏了一件用松瘿制成的扳指，圆磨后好似犀皮，乾隆皇帝喜爱之余不断吟诗歌咏，并命工匠将诗文刻在外壁上；另珍藏有翠玉扳指、晶莹透亮的粉碧尔扳指、白玉扳指、金光闪耀的金星石扳指、各色瓷扳指等。瓷扳指大多为乾隆年间的。

我国现代的戒指和西方的戒指与以上所述没有多大区别，只是在造型上和工艺上有些微妙的不同。

## 五、西方的襞领，东方的云肩

襞，在古代是褶或皱的意思。襞领也叫拉夫领，是一种装饰物。云肩是披在肩、臂上的饰物。

政治家科尔贝尔（Colbert，1619—1683）说："时髦对于法国，犹如秘密的矿藏对于西班牙一样重要。"公元 12 世纪后，随着丝绸自东方的引进、航海贸易的开通以及文艺复兴的影响，崇尚时髦风靡一时。1323 年法国成立服装业行会，最早的妇女服装店始于 15 世纪。1453 年拜占庭被土耳其攻陷，大批希腊学者带着抢救出来的古希腊、罗马文史瑰宝逃到欧洲，并将其翻译、介绍给欧洲人，给中世纪封建禁欲主义的欧洲注入了新的活力。看着那些令人兴奋、震惊的希腊人物雕像，那被画家、雕塑家大胆表现的人类真实健美的本来面貌，封建禁欲和伪神学不断地被打碎。15、16 世纪发生在欧洲的风起云涌的宗教改革运动，使文化艺术达到了前所未有的繁荣。人们开始注重强调人体造型美和曲线美，男人爱穿上体宽大魁伟的上衣

▲拉夫领

和下穿紧瘦的长裤，构成箱形造型；女服强调细腰丰臀、袒胸低领的同时，又陷入了勒腰、束胸等反自然美的歧途！这时人工造作的奢华矫饰，使人类审美思想与历史的步伐拉开了距离。

拉夫领（Ruff）、圆锥式女帽、臀垫等轮番时兴了五十年。当时的作家都忌讳写"臀垫"二字，皮埃尔·勒卢瓦耶写道："那边，女人们迈着沉重的脚步，个个下身肥大，因为那些厚厚的臀垫，扎裹在人的连衣裙下，紧贴在圆臀周围，里面充塞着羊毛和絮麻。"人们从封建禁欲的枷锁中挣脱出来，又钻进了为时髦而虐待自己的牢笼。

16世纪由卡特琳·德·梅迪西斯（1519—1589，法国亨利二世的皇后）提倡、法国首创的拉夫领在欧洲流行起来。亨利三世佩戴着一个硕大的拉夫领在街上巡视，使整个巴黎哄动。巴莱兹·维热奈尔在一文中写道："只见皱领套在颈上，如同钻进了一只大磨盘，盘上有25个或30个炮管状小巧晶莹的皱褶，最后叠成卷心菜的样式……"亨利三世还喜欢亲自为她的王后打浆皱领，得了个绰号叫"老婆的打皱匠"。此种领用白色或染成黄、绿、蓝等浅色的细亚麻布或细棉布裁制，先上浆，干后再用圆锥形烫斗烫整成形；为使其保持固定不变，有时还将细金属丝放置在领圈中做支架。领型折皱呈8字形连续褶裥，特别废料。有时在褶裥的外沿制成齿状花边，更增添华贵的效果。1579年2月4日，亨利三世戴着皱领，穿着自己设计发明的"人造大肚子"紧身衣来到圣·热尔曼集市，小学生们在集市上到处乱嚷"看见皱领识牛犊"。亨利三世也感到戴上皱领脖子难以转动，吃饭还要用特制的长柄勺，市民的嘲笑也越来越放肆，因此有一段时间停用。1564年，由法国的女师傅带到伦敦的皱领制作技艺受到英国女王伊丽莎白的青睐，因为皱领能掩饰她特细的脖子。贵族争相仿效，十分流行。

云肩的由来可以追溯到秦汉时用细绢做的帔巾，以及魏晋时期的绣领。晋朝简文帝描绘披戴形象说"散诞披红帔，生情新约黄"。六朝时称帔巾为"斜领"，一般采用轻薄的纱质为原料，可在帔上彩绘和手绣图案纹饰。帔帛是唐朝流行的女子围披饰物之一。唐代吴道子的《送子天王图》、辽金的《文姬归汉图》、元代永乐宫壁画、敦煌壁画上的供养人像上都有云肩的形象。

到了明代，云肩的服务对象与装饰内容不同，因而名称也不同，叫"凤冠霞帔"，它表明了穿戴者的贵族女子身份。霞帔似两条彩练，饰于肩部、胸前、背后，从一肩向后绕过搭于另一肩，分别长五尺七寸、宽三寸二分，其上绣花、禽、鸟纹七个，按级别与身份高低而纹饰各异，两端装饰两个圆形坠子，坠子用金、银制成。明代皇后的常服都有霞帔装饰，其上的花纹与所配的大袖衫相同，颜色华丽、构图复杂。除了霞帔以外，还有真正的云肩流

▲云肩

行民间。到了清朝，所有形式的帔定型叫云肩。尤侗的《咏云肩》诗形容了其形状，并描绘了意境之美："宫妆新剪彩云鲜，袅娜春风别样妍。衣绣蝶儿帮绰绰，鬓拖燕子尾涎涎。"

清初，妇女在行礼和新婚时把云肩作装饰，光绪末年，由于江南妇女低髻垂肩，为免于油污粘身，而广大妇女都常用。

## 六、缝纫机和拉链的故事

自从有服装出现，也就有了缝纫的行业。不管是西方的奴隶社会，还是服装制作工艺较复杂的中国，服装文化之文明，从此推开了等级森严的社会地位之门。赵匡胤要称帝，必须龙袍加身；海瑞抬棺骂皇帝，所要跪拜的也是身着龙袍的皇帝，而不是身着道袍的真皇帝。可

见服装在等级森严的封建社会是何等重要的标志，它的实用性却又是人类必不可少的。

中世纪，对于全人类来说，都是一个在与愚昧、黑暗、束缚抗争的萌芽时代。它经过多少辛酸，百折不挠地一点点向前进步。虽然那时的衣服不可能大众化，但也有不同时代的流行。随着历史的推进，服饰文化在保存民族精神的同时，不断注入新内容，由复杂到简单，由奢华到简洁、实用、美观。历史的潮流需要至臻完善的文化，想要完善就要有新的取代旧的，不平等的力争平等。

使服装大众化、平等化景象出现的是美国人沃尔特·亨特。1832年他发明制造出一台可缝纫的机器，但机器很原始，只能缝直线，并且缝几寸就要摆正布料。发明了缝纫机、制钉机、左轮手枪等的亨利并没因为这些而变为富翁，组织才能胜过亨利的艾里亚斯·豪和伊萨克·辛格却在缝纫机争霸战中声誉鹊起。

豪是波士顿的一名机修工，他根据织布机的原理，经过多次实验，自制了一台缝纫机。1846年他获得了专利，并运机器到成衣工厂，现场进行操作。这次表演的实践检验使在场的裁缝都说："机器缝出的活最均匀、最结实。"

19世纪的欧洲是资本主义全面兴盛和发展的时代，是积累资金、发展生产、继续巩固、夺取政权，使自己在政治和经济上都变得强大的、充满竞争和狡诈的时代。豪几经辛苦发明了产品，却在英国被精明的英格兰人算计了。英格兰女成衣制造商伊萨克·辛格用低廉的价格买下缝纫机的销售权，还劝说豪改造机器。可机器改造完毕后，老板却不留情面地把豪解雇了。这时恰逢豪的妻子去世，不久后，载着豪全部家当的船又沉了。但各方面的打击并没有吓倒一贫如洗的豪，一场旷日持久的豪和辛格有关缝纫机侵权的官司沸沸扬扬。无疑，闹得满城风雨的官司反而成了一种广告，更激起了人们对新发明的兴趣。

当然，这场官司是以豪的胜利告终的。但在当时堪称发明家与销售大师的辛格，集千家发明家殚精竭虑的探索，把缝纫机的性能改造得日臻完善。1880年，辛格缝纫机垄断了缝纫机市场，这年的美国已有一半男子穿买来的成衣。1890年美国成衣市场高达15亿美元，有四分之一毛料在成衣厂加工。缝纫机的发明促进了衣着的大众化，表面上取消了等级差别，也加快了服装工业的进程，刺激了服装辅料工业产品的发明。1893年，美国人尤德森发明了第一条具有实用价值的拉链。尤德森将这一专利推荐给美国企业家沃克。第二年，沃克在纽约附近的一座小镇建起了世界上第一家机械化批量生产拉链的专业厂。1904年沃克聘请瑞典人阿朗格任工厂经理，很快，阿朗格挤走沃克，自己成为该厂主人，并聘请瑞典工程师主持产品生产与设计。

拉链的普及有赖于第一次世界大战：第一次世界大战期间，美国军方意识到拉链能提高军人的穿衣速度，于是下令在军装口袋和裤子前襟缝上拉链。1918年，美军又在一千套空军飞行员军服上装上拉链。经过比较，使用拉链后，飞行员的穿衣速度比之前加快了2/3。

1923年美国科德里奇公司设计生产的ZIPPER牌拉链，成为受法律保护的第一种拉链产品注册商标。据1930年代统计，当时全世界每年生产的拉链已高达6亿条以上。1953年德国拉链公司首推塑料拉链，大大降低了拉链生产成本。1955年投放市场，使德国四十多家生产塑料拉链的工厂获得高额利润。随着时代的推进，拉链也不断更新。隐形拉链的出现，使服装工业的高档化、优质化又有了新进展。

# 第六章　三步到位五行归元

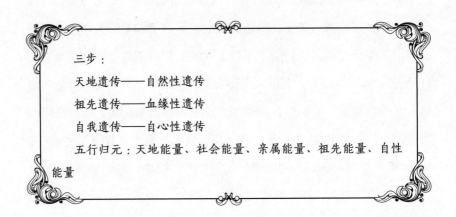

三步：

天地遗传——自然性遗传

祖先遗传——血缘性遗传

自我遗传——自心性遗传

五行归元：天地能量、社会能量、亲属能量、祖先能量、自性能量

▲朱哲灵设计真丝面料青花瓷女装

全球性的经济和政治波动以及自然灾害的发生，持续影响社会潮流的趋势，那种动荡引起的不安情绪到春天来临时稍有舒缓。

唱主角的生态环境观念大行其道，但也阻止不了自然灾害的发生；在生活中上演紧张的节奏、玩味网络的俏皮，也掩盖不了内心的空虚。内在的空间在人们心中悄悄上演，延续，但谁又了解中国的老祖宗们到底给了我们多少？我们到底要在物质世界找回什么？我们的文化百花齐放的同时，是否要排斥另类的存在？排斥我们不了解的东西的存在？

## 一、生态服装外环境学：面料与天气、地气

人和天地是一体的，我们古人讲天地人三才，讲天人合一。我们的衣着有着很深的学问，应该与天地相应。

这里介绍一下服饰的天然面料。首先是棉花所做的纯棉布，其特点是吸湿、透气、舒适，缺点是容易破，不结实。再是麻棉混合面料，穿着凉快、结实，厚薄可以根据织造法调节。这两种是植物纤维，下面介绍动物纤维——天然蚕丝面料。它与羊毛一样，是人类最早利用的动物纤维之一，根据食物的不同，又分桑蚕丝、柞蚕丝、木薯蚕丝、樟蚕丝、柳蚕丝和天蚕丝等，也就是我们所说的丝绸。现代由于纺织品原料的扩展，凡是经线采用了人造或天然长丝纤维织造的纺织品，都可以称为广义的丝绸。而纯桑蚕丝所织造的丝绸，又特别称为"真丝"。成语绫罗绸缎即指纯桑蚕丝织品。还有真丝烂花绡，这是一种交织面料，用于制作披纱、裙子等。

绫是斜纹底上起斜纹花的中国传统丝织物，是在绮的基础上发展起来的，始产于汉代以前，盛于唐、宋。绫光滑柔软，质地轻薄，用于书画装裱，制作衬衫、睡衣、织锦画等。用作装裱图画、书籍以及高级礼品盒等的称裱画绫。绫类丝绸按原料分为纯桑蚕丝织品、合纤织品和交织品。绫类织物的底纹是各种经面斜纹组织或以经面斜纹组织为主，混用其他组织制成的花素织物，常见品种有花素绫、广绫、交织绫、尼棉绫等。素绫是以纯桑蚕丝为原料的丝织品，它质材轻薄，用于裱图。其他绫类织物色光漂亮，手感柔软，可以做四季服装。

罗是全部或部分采用条形绞经罗组织的丝织物，分为横罗和直罗。出土文物表明早在商代罗已出现，战国楚墓也有罗的残片和花罗。秦汉时期花罗已很精美。宋代的罗织物最为盛行，在润州（今镇江）设有织罗务，每年贡罗达 10 万匹以上。但因其织造工艺复杂，明清以后

逐渐消失。罗，质地轻薄，丝缕纤细，经丝互相绞缠后呈椒孔形。织物紧密结实，又有孔眼透气，适于制作夏季服饰、刺绣坯料和装饰品。

绸是丝织品中最重要的一类。绸类织物品种很多，按所用原料分真丝类、柞丝类、绢丝类、合纤绸等。市场常见的丝绸有美丽绸、斜纹绸、尼龙绸等。美丽绸多是纯人造丝产品，它的绸面，色泽鲜艳，斜纹道清晰，手感平滑挺劲，主要用途是做高档衣服的里绸。

缎类织物俗称缎子，品种很多。缎类织物是丝绸产品中技术最为复杂，织物外观最为绚丽多彩，工艺水平最为高级的大类品种。我们常见的有花软缎、素软缎、织锦缎、古香缎等。花软缎、织锦缎、古香缎可以做旗袍、被面、棉袄等，其特点是平滑光亮，质地柔软。古香缎、织锦缎花型繁多，色彩丰富，纹路精细，雍华瑰丽，具有民族风格和故乡色彩。

服饰怎样天人合一、接地气呢？我们先从脚上穿的鞋子面料说起。鞋子大多都是橡胶底，这个材质的好处在于可以防水，不过也有对人体不利的一面，就是不接地气。那么什么是地气呢？

大家注意到，在北京地区，经常会出现预报有雨但是没有下雨的情况，只是会感觉很闷而已，可是周边的山区却下雨了，这是为什么呢？

因为如今天气预报只是根据空气的温度、湿度、风向等来预判天气的，这仅仅是天气层面，未考虑到地气。只有天地阴阳二气交合，雨才会下。所以预报会不准。大家可以留意一下，如果在老房子住，发现地面突然变潮，之后一定会下雨。这个比预报准。这时的潮，就是地气上行所致。

人体的设计是适应地球这个能量场的，人体和天地的能量场运行是同步的，天气和地气对人的身体都会有影响。

人的脚有一个很重要的功能，就是接收地气。脚下有一个穴位，名为涌泉穴，顾名思义，这个穴位就是接收涌入体内的地气的；相对地，头顶还有一个百会穴，天之阳气汇聚于此。

现在大家都穿胶皮底的鞋，会隔绝地气的传导，让人体接不上地气。举一个例子，有的时候我们会感觉到，在大城市睡觉的话，睡一觉起来会感觉很疲乏，人的状态很昏沉；如果是身处山间抑或乡村，哪怕睡眠时间短，休息也会很好，十分清爽。

这是因为如今城市到处铺着水泥，隔绝了地气。白天以阳气运行为主，晚上睡眠时以阴气运行为主，如果水泥铺在地面，将地气全部隔绝，人体吸收不到足够的来自大地的阴气，就容易造成不太理想的睡眠质量。

住在高层楼房久了，人常感到虚乏烦躁、心神不宁。若是离开高层，到乡下的老院子，哪怕是待上一小会儿，就感觉人不飘了，如同心落下来了，这便是人体接收到了大地的能量，也就是接上了地气。

日本的传统文化几乎都源于我国古代，实际上现在他们对传统文化的保护也比我们好。我发现一个小细节：老派的日本家长给孩子穿的鞋，不会打上橡胶底。我们老式的布鞋，钉鞋底的时候，中间也有一部分是露出来的。大家一般以为这是出于轻便的考虑，实则不是，那里便是涌泉穴的位置，是为了让人接地气。

有时间换上布鞋，或光脚到土地上去走一走，这样有利于人体接受地气，去除身体多余的静电，自身会感觉舒畅。

除了布鞋让我们接地气，那些原生态面料也能使我们最大的呼吸系统——皮肤接收"天气"。那些自然赋予的材料，有散热、吸湿、透气的功效，也与人体同呼吸、共命运！


## 二、五行颜色之内外健康调和

古代智者处理问题的智慧和核心思想是什么？

中国《易经》的基本概念之一就是：宇宙是尘世能量与天地能量的复杂互动，人类处在流动的天地能量之间，与其时间（次序）、物质空间（明）和非物质空间（暗）均有关。

《易经》"推天道而明人事"。中国古代的哲学认为，人类是天地自然之子。人的生命活动和万事万物的变化息息相关，人与自然是天然和谐的一个整体，即所谓的"天人合一"。

"天地之道"与"五色／五味"相和谐，比如，一个五行缺木的人宜多吃绿色食物，多穿戴绿色衣服饰品，多接近绿色的东西。以豆子为例说明：绿豆清热解毒，入肝经为木；红豆补血利尿、促进心脏活动，入心经为火；黄豆益气补脾，入脾经为土；白豆含钙，入肺经属金；黑豆治消胀下气、性寒，入肾经属水。

夏季，阳气"伏若在外"为外热，五脏空虚为内寒（夏吃姜），味重而伤脾，故以"羹剂"为主（《黄帝内经》第十章）。夏天可以适当多吃些苦味，如苦瓜类，因为"苦走血"、"苦生火"，让心火不外散。特别需要注意的是，"病在血则无食苦"。

长夏时，因"甘走肉"而脾主肉，可适当吃些甘甜和肉类的东西。小孩爱吃糖和肉就是因为脾胃还不健全的缘故。但若"病在脾则无食甘"，因为甘会使脾疲劳。

最好的医生其实就是"食医"，目标就是"天人合一"、"阴阳和合"。

秋季为收获季节，万物成熟，可以进食味厚之物，人体是有能力消化所有"厚重之物"的；亦可食用"酱剂"，即发酵之物。辛走气而肺主气，所以秋天可以适当吃一些辛辣的东西（外相就是流眼泪、打喷嚏、流鼻涕），辛味食物能发汗，调理气血，保护血管，调理气血，疏通经络但是"病在气则无食辛"（若患有痔疮便秘、神经衰弱者均为气滞所致，不宜食辛）。

冬季要闭藏，一定要关闭所有的气机，藏住了。"水冰地坼，无扰乎阳"。大自然的水都结冰了，水是散的，这时都冻住了，都收藏了，地也开裂了，将所有的东西都藏了进去，这时不要打扰阳气。若冬天打雷，就是扰乎阳，所以冬天是不打雷的。若天象出现异象，人间必有事情发生，中国民间说"冬日打雷，十栏九空"就是这个意思。太阳升起来了人才起床，只有这样才不会扰阳，才能使志（就是肾精）好像起来了，又好像藏起来了。实际上就是肾精不要动，停留在起与不起之间，自己美滋滋地享受个中舒畅。身体要注意保温，喝一点酒，阴阳和谐，不要老洗澡。皮主收敛（肃降），毛主外散（宣发），人的皮多而毛少，故人类以收敛为主。冬季"外寒内热"，故此时的太阳最为珍贵，练太阳功最有效。饮食中要注重身体外部的驱寒取暖，适当饮用酿制饮剂（如热酒、醪糟类），注重"采阴补气"：五谷为养，五果为助，五畜为益，五菜为充，气味和而服之，以补益精气。俗语说："冬吃萝卜夏吃姜，不找医生开药方。"冬季少食咸、麻、辣、烫，俗语："萝卜白菜保平安。"盐入肾，调元气（真气），而元气在肾中藏，"病在骨则无食咸"。

五菜，五种味道，五种颜色，五种肉类，分别养不同地方。《黄帝内经》告诉我们什么时候该吃什么。有的号称养生专家的人讲绿豆包治百病。是这样吗？绿色是养肝的，绿豆养肝；红色养心，红豆就是养心的；黄色是养脾，黄豆主养脾；黑色养肾，黑豆就是养肾的；白色养肺，白豆就是养肺的。因此，如果肝脏不太好，就多吃绿色食品；以前不喜欢绿色，现在也要特意穿绿色内衣，这是肝经的需要。绿色的衣服有益于肝，红色的衣服保护心脏健康。如果你特别喜欢穿哪个颜色的衣服，基本上就可以判断你现在的身体状况如何，与颜色就对应上了。

万世万物皆因相关性而存在，很多事情被神秘化、复杂化，我们就要考量发心和动机了，因为大道至简。当然，对于深层次的修行来说，是会有阶段性保密的，因为要学的人与接引师在每个阶段都心心相印和共频，才能继续往下学……

人性的阴阳五行在《黄帝内经》中也有非常明确的表述，仁义礼智信分别对治肝心脾肺肾。比如说肝不太好，多做一点善事，帮别人做事情，就会帮助养肝。比如说肺不太好，就多做一点仗义疏财的事情，就会帮助养肺。心不太好怎么办？礼仪能帮助我们养心、养德。仁、义、礼、智、信对应肝、心、脾、肺、肾，这就是向内看"上帝保佑"的意思。我们中国的"神"、"道"就在这里，它可以去除五毒（怒、恨、怨、恼、烦）。所以，《黄帝内经》中有"情志治病"一章节，自然疗法对应情感、心智。还有杀、淫、妄、盗、酒，也形成了人性的阴阳五行。这都是以五常之德行去五毒之病根的核心。

## 三、人体脉轮的黄金分配率与服装的关系

黄金分割是指将整体一分为二，较大部分与整体部分的比值等于较小部分与较大部分的比值，其比值约为 0.618。这个比例被公认为最能引起美感的比例，因此被称为黄金分割。

据说在古希腊，有一天毕达哥拉斯走在街上，在经过铁匠铺时他听到铁匠打铁的声音非常好听，于是驻足倾听。他发现铁匠打铁的节奏很有规律，这个声音的比例被毕达哥拉斯用数学的方式表达了出来。

黄金分割具有严格的比例性、艺术性、和谐性，蕴藏着丰富的美学价值。这一比值能够引起人们的美感，被认为是建筑和艺术中最理想的比例。

画家们发现，按 0.618:1 来设计比例，画出的画最优美。在达·芬奇的作品《维特鲁威人》《蒙娜丽莎》还有《最后的晚餐》中

都运用了黄金分割。而现今的女性，腰身以下的长度平均只占身高的0.58，因此古希腊的著名雕像断臂维纳斯及太阳神阿波罗都通过故意延长双腿，使之与身高的比值为0.618。建筑师们对数字0.618也特别偏爱，无论是古埃及的金字塔、希腊雅典的巴特农神庙，还是巴黎的圣母院，或者是近世的法国埃菲尔铁塔，都有黄金分割的印迹。

　　这也是为什么服装设计画都是把人体的下半身延长，也就是从脖子往下算起，绘画时比例是七个头长，有时候为了夸张服装设计效果，甚至扩大至七个半头长。其实这种比例的画法就是黄金分割比例。印度瑜伽学说认为：人体有七个脉轮。这是我们人类从诞生之初，就设定好的黄金分配率。这里的七与《易经》中常用到的七息息相关。下面提到腹部穿衣对肚脐的保护，这里人体的肚脐纬线与任督二脉的经线相交合，就是现实中人体黄金分割率的健康版。七脉轮不是完全以等比的思维方式看待事物，而是以错位的方式透过现象看本质。

　　脉轮是古印度的瑜伽修行中描述人身体的能量系统地图，七个脉轮分别对应人的七个身体部位，从下到上依次为：肉身体、情绪体（以太体）、星光体（理智体）、心智体、灵性体、宇宙体（业力体）、涅槃体。它们就像一层层的能量圈，在外面包围着我们的身体。

　　太阳轮（胃部，黄色）：代表火，行动和平衡，灵性战士的意志力。性质：个人力量和承诺的中心；自尊、身份、评判；内在平衡的力量，热情；是非对错的判断。负面影响：愤怒、贪婪、耻辱、失望；各方面不顺利，缺乏力量、妥协，否认自己；消化、肝、胆囊和肾上腺有问题。

　　脐轮、腹轮（肚脐以下，桔色）：代表水和感觉、欲望和创造，对性功能放松的态度，耐心并有创造力；负责任。负面影响：情感拘谨、性冷淡、罪恶感、没有界限、不负责任的人际关系；在各种关系的互动中所储存下来的愤怒、悲伤、恐惧、压抑、痛苦等各种情绪能量；

或有生殖器官或肾脏的问题。

海底轮、根轮（红色）：代表大地和安全感，是最原始的生存能力及生殖与性能力；表现为最原始的欲望，对食物、金钱、性等方面的追求。负面影响：恐惧、不安全感，感到生活像是一种负担；感觉自己并不属于大地、自己的文化和家庭；没有根的感觉；金钱问题；体质虚弱（过胖或过瘦）、排泄方面的问题、生理和心理的抵抗力薄弱、性变态。

顶轮（头顶、紫－白）：代表谦卑和广阔，超然性；神性、灵性的天窗。性质：灵魂的基地、觉悟；提升和万有未知领域的关系；与高我的连接。负面影响：悲伤、与存在分离的感觉、负担，或对死亡的恐惧。

眉心轮（俗称第三眼、天眼，蓝－紫色）：代表直觉、智慧、愿景、身份、对立面的结合。性质：直觉的中心、洞察力、视觉力、幻想、专注力和决心、自我启蒙、投射力、对意图的理解力。负面影响：困惑、沮丧；排斥灵性生活；过分智力化。

喉轮（喉部、蓝色）：代表以太；表达、沟通、聆听和创造力、信念、讲述真理、教师。性质：真理的核心、有效的交流能力和知识、真实性；健康的自我表达和互动；神的意志的化身。负面影响：懒散、羞怯、声音问题、不安全感、畏惧别人的意见和评判；较差的表达和描述能力；喉部、甲状腺或脖子有问题。

心轮（胸部所呈现的光是绿色的）：代表爱和慈悲心、觉醒；从"我到我们"的知觉转变。性质：慈悲、慷慨、宽恕、服务、爱与被爱的能力、无条件的爱与接纳、灵性知觉的觉醒。负面影响：悲伤、执着、与环境隔绝、脆弱；依赖他人的爱和情感；害怕被拒绝；过分的热心或铁石心肠；心脏或肺有问题、血压有问题。

现代人的特性就是生活太复杂，压力大，欲望多，到大街上一看，皱着眉头的居多，眉目舒展的太少见了。

怎样才能舒展开顶轮、眉间轮呢？不妨从穿一件宽松的衣服做起。穿着紧身的衣服很难有身心舒展之感。

为什么现在提倡穿汉服？你穿上汉服只要觉得自己自如了，必定端身正意，有了坦坦荡荡的气场。衣服是能影响人的心境的，而心境会影响人接受外界的能量。

你是什么能量场就接收什么能量场，此所谓"同气相求"。在日本的街上有人穿和服，没人会觉得奇怪；在中东，女人蒙块黑头纱也没人觉得奇怪。在中国，你要穿身汉服，别人会觉得你很奇怪，甚至问你是不是穿的韩国的衣服？一百多年前，我们穿西装，大家觉得是奇装异服；现在我们穿自己汉民族的传统服装变成奇装异服了。我们文化的丢失和没落由此可见一斑。

再说一下现代服饰的设计。现在的衣服设计得都很紧身，哪怕是棉衣，在腰部也都是很轻薄的，这样显得身材好。我们看功夫片里在武馆中练武的人常常大汗淋漓、光着膀子，不过我们会发现，无论多热，他们的腰间都会缠着一圈圈粗布腰带。也许有人会觉得纳闷，不怕长痱子吗？甚至误以为是为了显得肌肉很结实。

事实上这是为了保护他们的后腰。人的腰间是两肾及丹田所在，是固守人体元气的地方。武师们就是为了防止练武时元阳之气泄出，才绑上了厚实的腰带。

保护不好腰部会有什么不良反应？现代人总爱上火，中医大夫看了就说是虚。可为什么虚还上火呢？我们知道，在一个空间内，空气下热上冷，上面冷的空气就会向下，下面的热空气往上，这样才会产生循环；如果上热下冷的话，就不会产生流动，无法循环。人体也一样，很多现代人不注意保护腰间的元阳之气，人体下面寒了，上面相对就热，上热下寒，导致上下不循环，出现阴阳绝离的情况。

比较明显的症状是：腰间摸起来比较凉，再一摸脑门，则是发热的，还会感觉到烦躁、焦虑、抑郁，白天精力不够、疲乏，晚上还睡不着。若是碰上庸医，看见上火就开寒凉药，那就麻烦了，更伤害了下焦的元气。

## 四、人体胸腹膝盖与衣饰的关系

很多女性，夏天的时候为了凸显身材好，会穿得比较少，穿敞胸露背装，尤其是露脐装，直接将后腰尾椎、丹田的部位全部露出来；若是坐在办公室里经常开空调，寒邪易入侵，后果会很糟糕。

女性以穿着露脐装为民族服饰特点的，这些地区的自然环境多以戈壁、沙漠化呈现。女性属于"坤"，乾坤之序形成了华夏汉文明阴阳特点：地势坤，厚德载物，是对女性的最高赞誉；天行健，自强不息，是对男性的最高勉励。女性和男性一样，肚脐下（内）储藏着人体金贵的肾精原液。女性每个月都会有生理周期，生殖系统比较消耗能量，也很脆弱，若是透支阳气，会造成很大的伤害，导致很多妇科疾病，甚至不孕不育都与此密切相关。同样，以《易经》二次幻方计算，把肚脐比作地球的肚脐，会发现东经30°与东经60°之间北纬30°线穿过，恰好把东半球中分，而中东地区就是地球的肚脐，它的地下蕴藏着丰富的石油原液。石油可以比作地球的"精"，那么人体肚脐以下的肾精原液久露而不保养，身体内在也会"罢工"。这就是人与自然相对应的关系。

生物体能发出不同波段的生物波，人体器官都有自己固有的振动频率和节奏，例如腹腔为8Hz，胸腔为2–12 Hz，头部为17–25Hz。当外来振动频率与人体某一器官的固有频率一致时，则引起该器官的共振。对人体最有益的波段是（16–150 Hz）音乐波的低频区。正常讲话的波段频率（1–4K ）对人体没有任何保健作用，只会消耗能量。所以在养生作用方面，朗诵是无法与吟诵相比的。

平日坐着的时候，拿一块毯子抑或披肩护在腰间，哪怕拿一个垫子垫在后腰的位置也好，轻轻吟唱一段诗词，都能起到保护作用，可以固守住自身的元阳之气，同时也防止外邪侵犯。

同理，长期露胸，膻中是胸部重要大穴，心脏在此工作，逆风受寒就会使身体遭受大的伤害。我在《禅的养心智慧》一书的第265页，详细介绍了"九宫八风"和心受逆风的恶果。所以露胸装尽量少穿，既不招是非，还保护身体。

膝盖部位是我们胃经的大穴，足三里穴在此值班，膝盖风湿就是脾胃润化和保护不当造成的。佛家的跪拜再合十，意思是说：我把心交给了你——天地，合十收敛心包经的大穴"劳宫穴"，虔诚叩拜，肝魂收敛后眼睛自然舒服地闭上。儒家的跪坐也是对胃经的有效保护。

所以，衣服大多时间是要起到御寒、保护身体的作用的，后来慢慢演变成爱美的装饰物。我们在美化外表的同时，是不是也要照顾到为我们很多欲望付出辛劳的身体？买了爱车需要保养，身体内在是不是需要感恩保养它——对它说：辛苦了，谢谢你！

# 参考文献

[ 英 ] 苏珊·伍德福德等著，罗通秀、钱乘旦译，《剑桥艺术史》，中国青年出版社，1990 年版

杨蔼琪、张乃仁著，《外国服装艺术史》，人民美术出版社，1992 年版

袁杰英著，《中国历代服饰史》，高等教育出版社，1993 年版

常沙娜主编，《中国织绣服饰全集》，天津人民美术出版社，2004 年版

[ 英 ]E·B 赫洛克著，吕逸华译，《服装心理学》，纺织工业出版社，1988 年版

沈从文著，《中国服装史》，陕西师范大学出版社，2004 年版

左汉中著，《民间印染花布图形》，湖南美术出版社，2000 年版

《后汉书选》，中华书局，1982 年版

金景芳著，《周易·系辞传》新编详解，辽海出版社，1998 年版

中央美术学院编，《外国美术简史》，高等教育出版社，1997 年

（东汉）许慎著，吴苏仪编，《图解说文解字，画说汉字》，陕西师范大学出版社，2011 年版

田自秉著，《中外工艺美术史》，浙江美术学院出版社，2005 年版

**图书在版编目（CIP）数据**

服饰与身心轻疗愈/朱哲灵著. --北京：华夏出版社，2017.4
ISBN 978-7-5080-9154-9

Ⅰ. ①服… Ⅱ. ①朱… Ⅲ. ①服饰美学 Ⅳ. ①TS941.11

中国版本图书馆 CIP 数据核字（2017）第 045199 号

**服饰与身心轻疗愈**

| 著　　者 | 朱哲灵 |
| 责任编辑 | 梅　子 |
| 责任印制 | 顾瑞清 |

| 出版发行 | 华夏出版社 |
| 经　　销 | 新华书店 |
| 印　　刷 | 三河市少明印务有限公司 |
| 装　　订 | 三河市少明印务有限公司 |
| 版　　次 | 2017 年 4 月北京第 1 版 |
|  | 2017 年 4 月北京第 1 次印刷 |
| 开　　本 | 710×1000　1/16 开 |
| 印　　张 | 12.25 |
| 字　　数 | 160 千字 |
| 定　　价 | 38.00 元 |

**华夏出版社**　　地址：北京市东直门外香河园北里 4 号　　邮编：100028
网址:www.hxph.com.cn　　　　电话：（010）64663331（转）
若发现本版图书有印装质量问题，请与我社营销中心联系调换。